KORPORATION DER KAUFMANNSCHAFT VON BERLIN

HANDELS-HOCHSCHULE BERLIN

BERICHT

ÜBER DIE REKTORATS-PERIODE

OKTOBER 1913/1916

ERSTATTET

VON DEM REKTOR DER HANDELS-HOCHSCHULE

PROF. DR. PAUL ELTZBACHER.

BERLIN W 10

DRUCK UND VERLAG VON GEORG REIMER

1917

Inhalt.

I. Die Entwicklung der Handels-Hochschule Berlin von 1913 bis 1916.

Von **Paul Eltzbacher.**

Der Rektor einer seit Jahrhunderten oder doch seit Jahrzehnten bestehenden Hochschule kann sich darauf beschränken, in den einmal eingeschlagenen Bahnen weiterzugehen, die Verwaltung fortzuführen und das überlieferte Gut zu bewahren. Bei einer neuen Hochschule muß das Bestreben auf Ausbau, Vervollständigung, Aufwärts- und Vorwärtsentwicklung gehen. Mit diesem Gedanken habe ich im Oktober 1913 das Rektorat der Handels-Hochschule Berlin übernommen. Vier Aufgaben sah ich vor mir: Die gesteckten Ziele.

1. die Verbesserung der Organisation,
2. die Vervollständigung des Lehrkörpers,
3. die Ausgestaltung der Lehreinrichtungen,
4. als höchste und fernste Aufgabe die Erweiterung der Ziele der Hochschule.

Ich will darlegen, was ich erstrebt habe, was davon zustande gekommen und was nach meiner Auffassung noch zu leisten ist. Dabei muß ich auf den Einfluß des Krieges eingehen, der während der letzten zwei Jahre meines Rektorats auch dem Leben der Handels-Hochschule sein Gepräge gegeben hat.

1. Organisation der Hochschule.

Das höchste Gut einer Hochschule, unendlich viel wertvoller als Geldmittel und äußere Einrichtungen, sind die in ihrem Lehrkörper vereinigten geistigen Kräfte. Das zeigt sich deutlich, wenn man die deutschen Universitäten mit den amerikanischen vergleicht: die ganze Fülle der den amerikanischen Universitäten verfügbaren Geldmittel vermochte doch die geistige Überlegenheit der deutschen nicht auszugleichen. Eine Hochschule wird sich desto besser entwickeln, je mehr die in ihrem Lehrkörper vorhandenen Ideen von einer einsichtigen Verwaltung für die Entwicklung der Hochschule nutzbar gemacht werden; das ist ein Gedanke, der unseren staatlichen Unterrichtsverwaltungen fast immer als Richtschnur gedient hat. Aufgaben.

An der Handels-Hochschule Berlin hat es anfangs an einer solchen Ausnutzung der geistigen Kräfte gefehlt. Das Kollegium der hauptamtlichen Dozenten, von denen übrigens nur der größere Teil lebenslänglich, ein Teil auf Kündigung angestellt war, hatte nur ein einziges Recht, das der Rektorwahl. Das Rektorat hatte einen autokratischen Charakter, derart daß der Rektor das Dozentenkollegium nur zu seiner Beratung heranzuziehen brauchte. Bei Berufung von Dozenten verständigte die Verwaltung den Rektor von bestehenden Absichten, vielleicht fand auch eine Besprechung mit einzelnen hauptamtlichen Dozenten statt. Dagegen war dem Dozentenkollegium als solchem bei diesen für die Entwicklung der Hochschule so grundlegenden Fragen keinerlei bestimmender Einfluß eingeräumt.

Was die nebenamtlichen Dozenten anlangt, so bildeten sie zwar den größten Teil des Lehrkörpers, umfaßten eine ganze Anzahl hervorragender Männer, waren aber ohne jede Organisation und demgemäß bei der Verwaltung und Leitung der Hochschule ohne Einfluß. Sie hatten nichts zu tun, als ihre Vorlesungen zu halten und jedes Semester einmal zu einer Sitzung zu erscheinen, in der das Vorlesungsverzeichnis für das nächste Semester festgestellt wurde.

Lebenslängliche Anstellung der hauptamtl. Dozenten.

Während meines Rektorats habe ich mich im Einklang mit dem Dozentenkollegium bemüht, diesen Zustand zu bessern. Am 18. Mai 1914 haben die Ältesten der Kaufmannschaft von Berlin durch meine Vermittlung ein Schreiben an sämtliche hauptamtliche Dozenten gerichtet. Dieses Schreiben enthielt nicht nur die Ankündigung, daß die noch kündbaren Verträge der hauptamtlichen Dozenten in lebenslängliche umgewandelt werden sollten (es ist inzwischen geschehen), sondern auch die, daß die Ältesten beabsichtigten, in der Zukunft hauptamtliche Dozenten, abgesehen von einer bestimmten Ausnahme, nur lebenslänglich anzustellen. Vor allem aber erklärte das Schreiben, daß künftig bei Errichtung neuer wie bei Wiederbesetzung schon bestehender Lehrstühle das Dozentenkollegium um Vorschläge über die geeigneten Persönlichkeiten ersucht werden solle. Die Ältesten erachteten sich freilich nicht für gehindert, auch selbst ihr Augenmerk auf geeignete Persönlichkeiten zu richten, würden aber auch diese der Begutachtung des Dozentenkollegiums unterbreiten. In jedem Falle würden die Ältesten nur in Ausnahmefällen von den Vorschlägen des Dozentenkollegiums abweichen und diesem dann die Gründe der Abweichung mitteilen.

Vorschlagsrecht des Dozentenkollegiums

Dieses Vorschlagsrecht des Dozentenkollegiums sollte nach dem Schreiben nicht nur bei der Anstellung hauptamtlicher Dozenten stattfinden, sondern auch solcher nebenamtlicher Dozenten, die einen Lehrauftrag von mehr als 2 Wochenstunden erhalten sollten. Bei nebenamtlichen Dozenten mit einem geringeren Lehrauftrag erklärten die Ältesten sich bereit, das Dozentenkollegium wenigstens gutachtlich zu hören.

Ein weiteres Recht ist dem Dozentenkollegium in der am 10. Mai 1915 von den Ältesten der Kaufmannschaft von Berlin erlassenen, am 22. Mai desselben Jahres von dem Herrn Minister der geistlichen und Unterrichtsangelegenheiten genehmigten Habilitationsordnung eingeräumt worden. Nach der Habilitationsordnung hat das Kollegium darüber zu entscheiden, ob es einem Bewerber die Befähigung als Privatdozent zuerkennen will. Danach haben allerdings die Ältesten nach Anhörung des Großen Rates der Handels-Hochschule noch über die Zulassung zu beschließen. Aber sie können nur solche Bewerber zulassen, denen das Dozentenkollegium die Befähigung zuerkannt hat. Habilitationsordnung.

Durch die Erklärung der Ältesten vom 18. Mai 1914 (man hat sie scherzhaft als die Magna charta der Handels-Hochschule Berlin bezeichnet) und durch die Habilitationsordnung hat das Dozentenkollegium zu dem bisher allein vorhandenen Rechte der Rektorwahl zwei wichtige Rechte hinzuerworben, die ihm einen maßgebenden Einfluß auf die künftige Zusammensetzung des Lehrkörpers sichern und hoffentlich für die Entwicklung der Hochschule gute Früchte tragen werden.

Besonders schwierig lagen die Dinge bei den nebenamtlichen Dozenten. Die nebenamtlichen Dozenten einer Handels-Hochschule stehen mit der Hochschule nicht in der engen Verbindung wie etwa die außerordentlichen Professoren mit einer Universität, sie gehören sehr verschiedenen Kreisen an und haben untereinander wenig Berührung. Indessen ist es doch wünschenswert, daß sie auf irgend eine Weise organisiert sind, die ihnen einen Einfluß auf die Entwicklung der Handels-Hochschule sichert. Am 1. Juli 1914 hat denn auch das Dozentenkollegium einen in dieser Richtung gehenden Beschluß gefaßt und den Ältesten der Kaufmannschaft von Berlin vorgelegt. Die Ältesten haben jedoch zunächst Bedenken gegen die Ausführung des Beschlusses gehabt, und später hat der Krieg die Aufmerksamkeit von dieser wichtigen Angelegenheit abgelenkt. Hoffentlich wird sie bald wieder in Fluß kommen. Organisation der nebenamtlichen Dozenten.

2. Lehrkörper.

In dem Lehrkörper der Handels-Hochschule haben sich während der drei Jahre meines Rektorats mannigfache Änderungen vollzogen, die an anderer Stelle dargelegt werden sollen. Veränderungen.

Von besonderer Bedeutung war es, daß schon nach dem ersten Jahre meines Rektorates Dr. Jastrow, Professor der Nationalökonomie und Mitleiter des volkswirtschaftlich-juristischen Seminars, der verdiente erste Rektor der Hochschule, durch Kündigung von seiten der Ältesten ausschied. Die Kündigung erfolgte am 24. März 1914 zum 1. Oktober desselben Jahres und führte Ende April, bei Beginn des Sommersemesters, dazu, daß das Dozentenkollegium und die Studentenschaft öffentlich für Professor Jastrow Partei ergriffen. Bei diesem Anlaß erkannte man allgemein, daß die Möglichkeit einer Kündigung durch die Verwaltungsbehörde mit der Stellung eines hauptamtlichen Hochschullehrers nicht vereinbar ist, und die Ältesten entschlossen sich, grundsätzlich auf die Kündbarkeit der hauptamtlichen Professuren zu verzichten.

Ein Verlust war es auch, daß um die gleiche Zeit Dr. Spies, Professor des Englischen und Leiter des Sprachenseminars, als ordentlicher Professor nach Greifswald berufen wurde und dadurch aus dem Dozentenkollegium ausschied.

Einen wertvollen Zuwachs erfuhr das Dozentenkollegium dadurch, daß bei Beginn meines Rektorats Dr. Prion von der Handels-Hochschule München als hauptamtlicher Dozent der Handelswissenschaften und daß am Ende des ersten Rektoratsjahres Professor Dr. Esslen von der Universität Zürich als dritter Vertreter der Nationalökonomie an die Handels-Hochschule berufen wurde. Mit der Berufung Prions ergab sich allerdings der Mißstand, daß im Dozentenkollegium vier Vertretern der Handelswissenschaften im ganzen nur sechs Vertreter anderer Fächer (zwei Nationalökonomen, zwei Juristen, ein Physiker, ein Chemiker) gegenüberstanden.

Eigenartige Zusammensetzung und Reformbestrebungen.

Eine grundsätzliche Änderung ist durch diese Ereignisse nicht erfolgt. Die Eigenart des Lehrkörpers der Handels-Hochschule beruhte bei Beginn meines Rektorats darauf, daß nur wenige (11) hauptamtliche Dozenten und überhaupt keine Privatdozenten an der Hochschule wirkten, während zahlreiche (42) nebenamtliche Dozenten einen sehr großen Teil des Unterrichts leisteten. Ich verhehlte mir nicht das Bedenkliche dieses Systems. Es ist ein großer Vorteil, wenn ein die wichtigsten Fächer vertretender Stab hauptamtlicher Dozenten und Privatdozenten in zahlreichen im Nebenamt lehrenden Spezialisten seine Ergänzung findet. Dagegen ist es im allgemeinen nicht wünschenswert, wenn nebenamtliche Dozenten dazu dienen, die Lücken eines unvollständigen hauptamtlichen Lehrkörpers auszufüllen und wegen des Fehlens hauptamtlicher Dozenten mit großen Hauptvorlesungen und der Leitung von Seminaren betraut sind. Die Handels-Hochschule Berlin hatte, als ich mein Rektorat antrat, unter ihren nebenamtlichen Dozenten viele ausgezeichnete Männer, hohe Beamte, leitende Persönlichkeiten unseres Wirtschaftslebens, Professoren der Universität Berlin, aber sie alle hatten doch den Mittelpunkt ihres Wirkens an anderer Stelle, sie erschienen in der Handels-Hochschule nur sozusagen als Gäste, und man konnte von ihnen nicht verlangen, daß sie sich mit der Ausgestaltung des Unterrichts eingehender befaßten.

Deshalb kam es nach meiner Auffassung vor allem darauf an, die hauptamtlichen Lehrstühle der Hochschule zu vermehren. Der seit 1911 verwaiste geographische Lehrstuhl mußte endlich wieder besetzt werden. Es war ferner wünschenswert, daß eine zweite privatrechtliche Professur, eine solche für Pädagogik und eine für Genossenschaftswesen geschaffen wurden. Nach dem Ausscheiden der Professoren Jastrow und Spies mußte auch für sie durch Berufungen Ersatz geschaffen werden.

Weiter schien es mir wichtig, die in den Ordnungen der Hochschule ins Auge gefaßte, aber bisher nicht verwirklichte Einrichtung der Privatdozentur durch Erlaß einer Habilitationsordnung ins Leben zu rufen. Ein guter Privatdozent wird, um sich ein Wirkungsgebiet zu schaffen, mit besonders scharfem Blick Lücken des Lehrplanes erspähen, und mit seiner jugendlichen Lebendigkeit ist er zugleich für die älteren Dozenten ein heilsamer Wettbewerb und ein Schutz vor dem Einrosten.

Dagegen galt es, bei der Berufung von nebenamtlichen Dozenten Beschränkung zu üben und nur noch ganz ausnahmsweise hervorragende Spezialisten als nebenamtliche Dozenten zu gewinnen: jeder neue nebenamtliche Dozent verbrauchte ja einen Teil der Mittel, die zur Anstellung der fehlenden hauptamtlichen Professoren nötig waren.

Von diesen Gedanken, denen sich das Dozentenkollegium anschloß, ist während meines Rektorats nur ein bescheidener Teil verwirklicht worden, mit unter dem Einfluß der durch den Krieg gebotenen strengen Sparsamkeit. Vor Ausbruch des Krieges sind allerdings noch zwei neue hauptamtliche Professuren geschaffen worden: eine vierte handelswissenschaftliche (Professor Prion) und eine dritte volkswirtschaftliche (Professor Esslen). Dafür sind aber drei ältere Lehrstühle (der geographische, der eine nationalökonomische und der englische) unbesetzt, so daß also im Gesamtergebnis die Zahl der hauptamtlichen Professuren nur noch 10 beträgt, ebensoviel wie 1913 und nicht mehr als 1906 bei Errichtung der Handels-Hochschule.

Auch die Zahl der nebenamtlichen Dozenten ist sich gleich geblieben. Das Zahlenverhältnis der haupt- und nebenamtlichen Dozenten hat also während meines Rektorats keine Änderung erfahren.

Der einzige Fortschritt ist, daß der Erlaß der Habilitationsordnung es möglich gemacht hat, die Tätigkeit der hauptamtlichen Dozenten durch Privatdozenten zu ergänzen, die, wie die Habilitationsordnung es für erwünscht erklärt, ihre Haupttätigkeit an der Handels-Hochschule Berlin ausüben. Es hat sich bereits eine Reihe von Herren zur Habilitation gemeldet. Dr. Kaufmann hat sich für Bankwesen habilitiert. Andere Habilitationen sind im Laufen.

3. Lehreinrichtungen.

Seit Eröffnung der Handels-Hochschule sind neben den gewöhnlichen, in erster Linie für die Studenten bestimmten Vorlesungen auch sogenannte Abendvorlesungen gehalten worden. Ihre Eigenart bestand darin, daß sie in der Regel Gegenstände von allgemeinerem Interesse behandelten, daß der Zutritt gegen Lösung einer Hörerkarte jeder- Abendvorlesungen.

mann, auch ohne Nachweis einer besonderen Vorbildung, freistand und daß die gewählten Stunden, in der Regel 8 Uhr, weiteren Kreisen nach Beendigung der Tagesarbeit den Besuch ermöglichten. Durch diese, zum Teil sehr gut besuchten, Abendvorlesungen hatte die Handels-Hochschule nebenher etwas von einer Volkshochschule.

Den eigentlichen Studierenden waren die Abendvorlesungen nicht angenehm, sie hätten deren Gegenstände lieber vormittags behandelt gesehen, um abends ungestört zu Hause arbeiten oder sich erholen zu können. Auch ein Teil der Dozenten hatte Bedenken gegen die Abendvorlesungen, da die grundverschiedene Vorbildung der Hörer es schwer machte, höhere Anforderungen an sie zu stellen. Die Verwaltung der Hochschule legte auf die Abendvorlesungen Wert, weil diese weiteren Kreisen die Bildungsmöglichkeiten der Hochschule eröffneten, dem Bekanntwerden der Hochschule dienten und deren finanzielle Grundlage verbreiterten.

Schon vor Beginn meines Rektorats hat der Besuch der Abendvorlesungen mit dem Besuch der gewöhnlichen Vorlesungen nicht Schritt zu halten vermocht. Die Zahl der immatrikulierten Studierenden wuchs im Verhältnis schneller als die der Hörer von Abendvorlesungen; später gestaltete es sich sogar so, daß mit einer Vermehrung der immatrikulierten Studierenden eine Verminderung der Hörer von Abendvorlesungen Hand in Hand ging. Ich habe mich nicht bemüht, diesen Zustand zu ändern. Die Heranziehung fremder Kreise zur Handels-Hochschule erschien mir nicht so wichtig wie die Sammlung aller Kräfte zu einer möglichst guten Ausbildung der Studierenden.

Reform des Sprachunterrichts.

Dagegen schienen mir in andern Beziehungen die Lehreinrichtungen der Hochschule verbesserungsbedürftig. Seit Jahren klagte man über die schlechten Ergebnisse des Sprachunterrichts, wie sie bei den Prüfungen anschaulich hervortraten. Da die Leistungen in den verschiedenen Sprachen gleich wenig befriedigten, so ließ sich annehmen, daß es sich nicht um die Schuld einzelner Personen, sondern um Mängel der Organisation handle. Nach meiner Meinung kam zweierlei in Betracht.

Bei Beginn meines Rektorats hatte die Handels-Hochschule Berlin nur ein einziges Sprachenseminar. Es unterstand dem Professor des Englischen Dr. Spies, umfaßte aber den Unterricht in sämtlichen an der Hochschule gelehrten Sprachen. Man konnte von dem Leiter des Seminars nicht wohl erwarten, daß er sich die Ausgestaltung des Unterrichts in sämtlichen Sprachen gleichermaßen angelegen sein ließ. Professor Spies hat sich hauptsächlich bemüht, den englischen Unterricht auf eine höhere Stufe zu heben.

Die Sprachlehrer (Lektoren) hatten in jedem Semester Kurse zu je vier Wochenstunden abzuhalten, bei denen die Teilnehmerzahl auf höchstens 15 Studierende beschränkt war, und erhielten für jeden dieser Kurse einen bestimmten Betrag. Wieviel Kurse ein Lektor in einem Semester abhielt, hing von den Studenten ab, die Wahl des Lektors stand ihnen frei, und je mehr Studenten sich bei einem Lektor meldeten, desto mehr Kurse konnte er also einrichten. Hieraus ergab sich für die Lektoren die Versuchung, die Aufnahme in die Kurse leicht zu gestalten. Dies mußte aber den Sprachunterricht und die in ihm erzielten Ergebnisse notwendig herabdrücken. Je weniger man bei der Aufnahme in einen Kursus von den Teilnehmern verlangte, desto weniger ließ sich in ihm erreichen.

In einer Denkschrift vom 24. Februar 1914 habe ich deshalb den Ältesten der Kaufmannschaft von Berlin empfohlen, das Sprachenseminar in drei Seminare, ein englisches, romanisches und russisches, zu zerlegen, an die Spitze jedes dieser drei Seminare eine wissenschaftliche Persönlichkeit zu setzen, die Lektoren diesen Seminarleitern zu unterstellen und statt der bisher nach Kursen bestallten Lektoren hauptamtliche Lektoren mit festem Jahresgehalt anzustellen.

Dieser Plan ist nur zum Teil ausgeführt worden. Die Teilung des Sprachenseminars in die von mir vorgeschlagenen drei Seminare ist nach Wegberufung des Prof. Dr. Spies erfolgt. Aber ein neuer Leiter des englischen Seminars ist bisher nicht angestellt worden, der an die Spitze des romanischen Seminars gestellte Professor Haguenin ist durch den Krieg ausgeschieden, er kämpft jetzt gegen uns als französischer Offizier, und der Leiter des russischen Seminars, Dr. Palme, ist für den Dienst der Heeresverwaltung beurlaubt. Die Verträge mit den früheren Lektoren sind, wie es sich zur Durchführung der Neuordnung nicht vermeiden ließ, gekündigt worden. Aber zu einer Anstellung hauptamtlicher Lektoren ist es, vielleicht unter dem Einfluß des Krieges, nicht gekommen. Damit der Sprachunterricht die wünschenswerte Besserung erfährt, ist also noch fast alles zu tun.

Auch in der Ausbildung der Handelslehrer fanden sich gewisse Mängel, die schon seit längerer Zeit die Aufmerksamkeit des Herrn Ministers für Handel und Gewerbe erregt hatten. **Ausbildung der Handelslehrer.**

Um sich zum Handelslehrer auszubilden und den Grad eines Diplomhandelslehrers zu erwerben, besuchen die Handels-Hochschule einerseits Kaufleute, die sich aus irgend einem Grunde dem Handelslehrerberuf zuwenden wollen, anderseits Volksschullehrer, die Handelslehrer werden möchten. Die Kaufleute bedürfen einer Einführung in die Pädagogik und in die Technik des Unterrichts, die Volksschullehrer einer Einführung in die kaufmännische Praxis. Die eine wie die andere Aufgabe liegt im Grunde außerhalb des Arbeitsgebietes einer Handels-Hochschule, und dennoch müssen diese Aufgaben gelöst werden, wenn die an der Handels-Hochschule ausgebildeten Handelslehrer wirklich brauchbar sein sollen.

Nun war aber der Unterricht in Pädagogik und die Gelegenheit zum Erwerb einer gewissen Unterrichtstechnik an der Handels-Hochschule Berlin ebenso dürftig ausgebildet wie die (auch für Abiturienten, die ohne vorangegangene kaufmännische Tätigkeit zur Handels-Hochschule gehen, in Betracht kommende) Einführung in die kaufmännische Praxis. Auf diese Lücken des Unterrichts hat der Herr Minister für Handel und Gewerbe in dem Schreiben vom 13. August 1914 die Handels-Hochschule Berlin aufmerksam gemacht. Die Erledigung der Angelegenheit wurde dadurch verzögert, daß der Leiter des Handelslehrerseminars, Geheimrat Kühne, im Felde stand und dann schwer erkrankte. Infolgedessen habe ich selbst 1916 mit Hilfe einer Anzahl an der Handels-Hochschule studierender Lehrer einen Reformplan ausgearbeitet. Nachdem dann Geheimrat Kühne die Leitung des Handelslehrerseminars wieder übernommen hat, bin ich in der Lage gewesen, die Verbesserung der Handelslehrerausbildung in seine Hände zu legen. Obwohl die Sache gewisse Mittel erfordert, wird sie doch noch während des Krieges in die Wege geleitet werden müssen.

Wirtschaftsarchiv.

Eine Lücke in den Einrichtungen der Handels-Hochschule war ferner das Fehlen eines Archivs. Zu Zwecken des Unterrichts wie der Forschung und auch zur Beantwortung von Anfragen ist es wünschenswert, daß an einer Handels-Hochschule die so zahlreichen und flüchtigen und doch in ihrer Gesamtheit so wichtigen Einzeltatsachen des wirtschaftlichen Lebens möglichst vollständig gesammelt werden. Mancherlei Ansätze waren hierzu an der Handels-Hochschule Berlin vorhanden, grundsätzlich und zusammenfassend war die Aufgabe nicht in Angriff genommen.

Es war daher ein Fortschritt, daß bei Beginn meines Rektorats das von Professor Dr. Hellauer begründete Welthandelsarchiv ins Leben trat, das sich allerdings zunächst nur die beschränktere Aufgabe stellte, die Tatsachen des internationalen Warenhandels und Güterverkehrs zu sammeln. Während meines Rektorats ist dieses Welthandelsarchiv mit Eifer ausgebaut worden, und am 26. Juli 1916 hat auf Antrag Hellauers das Dozentenkollegium den Beschluß gefaßt, es unter Verzicht auf irgendwelche ähnliche Archive zu einem allgemeinen Wirtschaftsarchiv der Handels-Hochschule auszubauen.

Um den Studierenden den Gebrauch der vorhandenen Lehreinrichtungen zu erleichtern, habe ich bei Antritt meines Rektorats einen Studienplan ausgearbeitet, der seit dem Sommersemester 1914 den (auch typographisch neugestalteten) Vorlesungsverzeichnissen vorgedruckt ist.

4. Erweiterung der Aufgaben der Hochschule.

Notwendigkeit der Erweiterung.

Auf den ersten Blick könnte es vermessen erscheinen, bei einer noch so jungen Hochschule, wie es die Handels-Hochschule Berlin ist, bereits eine Erweiterung der bisherigen Aufgaben anzustreben. Aber die bloße Ausbildung von Kaufleuten scheint doch für die Handels-Hochschulen eine etwas enge Aufgabe zu sein. Die Zahl der Studierenden ist im Verhältnis zu andern Hochschulen gering, die Einnahmen aus Studiengeldern sind nicht bedeutend, dies drückt aber die Neigung herab, den Lehrkörper zu erweitern und die Lehreinrichtungen auszubauen. Daher sind bereits zwei Handels-Hochschulen zu einer Erweiterung ihrer Aufgaben gelangt: Köln durch Angliederung einer Hochschule für Kommunale und Soziale Verwaltung und Frankfurt durch Ausbau zur Universität. Soll Berlin nicht zu einer Handels-Hochschule zweiten Ranges herabsinken, so müssen auch die Aufgaben der Handels-Hochschule Berlin erweitert werden.

Kaufmännische Ausbildung von Offizieren

Am 5. Januar 1916 habe ich an den Herrn Kriegsminister eine Denkschrift gerichtet, in welcher ich empfahl, die Handels-Hochschulen zur kaufmännischen Ausbildung von solchen Offizieren und Beamten zu verwenden, die in der Militärverwaltung, etwa bei der Verpflegung, Bekleidung oder Erzeugung von Heeresbedarf, an leitender Stelle mit kaufmännischen Aufgaben betraut sind. Da hervorragende Kaufleute für staatliche Gehälter nur in seltenen Fällen zur Verfügung stehen werden, so verzichtet die Militärverwaltung im allgemeinen auf die Anstellung von Kaufleuten. Daraus ergibt sich aber die Notwendigkeit, daß die mit höheren kaufmännischen Aufgaben betrauten Offiziere und Beamten kaufmännische Kenntnisse und namentlich auch tiefergehendes kaufmännisches Verständnis erwerben. Eine Ausbildung als Lehrling kommt nicht in Betracht, die Tätigkeit als Volontär verspricht wenig Erfolg, die mehr äußerliche Ausbildung in einer Handelsschule genügt nicht, und so ist der beste Weg kaufmännischer Ausbildung für den Offizier, daß er Vorlesungen an einer Handels-Hochschule hört.

Ich legte dies dem Herrn Kriegsminister dar und fügte hinzu, wenn dies für wünschenswert gehalten werde, würde ich mich dafür einsetzen, daß die Handels-Hochschule Berlin besondere kaufmännische Ausbildungskurse schaffe, bei denen den eigenartigen Bedürfnissen der Militärverwaltung Rechnung getragen würde. Der Herr Minister hat mir unter dem 18. März 1916 erwidert, die in meiner Denkschrift angeregte Ausbildung von Offizieren und Beamten der Militärverwaltung werde als vorteilhaft und nutzbringend anerkannt; wie und auf welchen Lehranstalten sie zu erreichen sei, werde eingehend geprüft werden, sobald die Zeitverhältnisse dies zuließen; die von mir gemachten Vorschläge über die Art des einzuschlagenden Weges würden hierbei vorzugsweise beachtet werden.

Ausbildung von Bücherrevisoren.

Bereits vor Beginn meines Rektorats hatte Professor Dr. Schär einen Vorschlag gemacht, der ebenfalls auf eine Erweiterung der Aufgaben der Handels-Hochschule hinauslief: die Handels-Hochschule zur Ausbildung von Bücherrevisoren zu verwenden und zu diesem Zwecke besondere Vorlesungen und Übungen einzurichten. Die Ausbildung eines hochstehenden Bücherrevisorenstandes, wie er in England und Amerika seit langem besteht, ist in Deutschland ein starkes Bedürfnis, und wenn irgend eine Stelle dazu berufen ist, dieses Bedürfnis zu befriedigen, so sind es die Handels-Hochschulen.

Auf Beschluß des Dozentenkollegiums hat am 18. März 1914 Professor Leitner eine Denkschrift vorgelegt, die zu dem gleichen Ergebnis kam. Am 24. Juni 1914 haben die vier hauptamtlichen Vertreter der Handelswissenschaften ein gemeinsames Gutachten erstattet, in welchem sie dem Dozentenkollegium vorschlugen, bei den Ältesten der Kaufmannschaft von Berlin dafür einzutreten, daß an der Handels-Hochschule Berlin eine Bildungsanstalt für Bücherrevisoren errichtet werde. Infolge des Kriegsausbruches hat jedoch das Dozentenkollegium seine Entschließung bis zum Frieden vertagt.

Genossenschaftsseminar.

Nicht lange nach Beginn meines Rektorats kam ich zu der Überzeugung, daß es wünschenswert sei, die Handels-Hochschule Berlin in stärkerem Maße zur Ausbildung von Genossenschaftsbeamten zu verwenden und zu diesem Zwecke ein großes Genossenschaftsseminar zu errichten. Als im Januar 1914 die Ältesten den Plan faßten, den Privatdozenten Dr. Schönitz in Freiburg als hauptamtlichen Dozenten für Handelswissenschaften und Nationalökonomie zu berufen, schlug ich vor, ihn statt dessen vielmehr für Genossenschaftslehre, über die er ein anerkanntes Buch geschrieben hatte, und nur nebenher für Nationalökonomie zu berufen und ihn mit der Einrichtung des von mir für wertvoll erachteten Genossenschaftsseminars zu betrauen. Nachdem Schönitz diesem Vorschlage zugestimmt und sogar hinzugefügt hatte, es sei ihm lieber, einen Lehrauftrag für Genossenschaftslehre und Nationalökonomie zu erhalten, habe ich in der Sitzung des Dozentenkollegiums vom 28. Januar 1914 den Antrag gestellt, den Ältesten diesen Vorschlag zu machen. Leider ist dann die Berufung des Dr. Schönitz und damit auch die Errichtung des Genossenschaftsseminars an grundsätzlichen Meinungsverschiedenheiten zwischen dem Dozentenkollegium und den Ältesten über das bei Berufungen einzuschlagende Verfahren gescheitert, Meinungsverschiedenheiten, die schließlich zu der bereits dargestellten Regelung des Verfahrens bei Berufungen geführt haben. Durch den Krieg ist der Plan der Errichtung eines Genossenschaftsseminars gleich andern Plänen in den Hintergrund gedrängt worden.

Auslandshochschule.

Die bedeutendste und wahrhaft großartige Erweiterung ihrer Aufgaben würde die Handels-Hochschule Berlin durch einen Ausbau zur Auslandshochschule finden. Ein solcher Ausbau müßte vor allem darin bestehen, daß der Handels-Hochschule Auslandsinstitute für die wichtigsten Erdgebiete angegliedert würden, in welchen man sich mit den gesamten Verhältnissen und mit den Hauptsprachen dieser Erdgebiete bekannt machen könnte. Bei einem solchen Ausbau würde die Handels-Hochschule nicht nur der allgemeinen kaufmännischen Ausbildung, sondern auch der Heranbildung für bestimmte Erdgebiete besonders geeigneter Auslandskaufleute dienen und damit für den Kaufmannsstand eine erhöhte Anziehungskraft erlangen. Sie würde außerdem imstande sein, auch den Beamten unseres auswärtigen Dienstes sowie zahlreichen andern Kreisen eine zugleich allgemeinwissenschaftliche und für einen bestimmten Teil des Auslandes vorbereitende Ausbildung zu gewähren, wie sie gegenwärtig nirgends in der wünschenswerten Vollständigkeit stattfindet, und damit eine große nationale Aufgabe erfüllen und den Kreis ihrer Besucher sehr erweitern.

Diese Gedanken habe ich im ersten Jahre meines Rektorats in meiner Schrift „Die deutsche Auslandshochschule, ein Organisationsplan" (Berlin, Georg Reimer, 1914) dargelegt. Das Dozentenkollegium hat sich mir im wesentlichen angeschlossen und, nachdem zunächst der Krieg die Verfolgung der Angelegenheit unterbrochen hatte, am 9. Februar 1916 in diesem Sinne beschlossen. Im Auftrage des Kollegiums habe ich dann am 14. Februar 1916 eine Denkschrift an die Ältesten gerichtet, in welcher ein großzügiger Ausbau der Handels-Hochschule zur Auslandshochschule empfohlen wurde. Die Ältesten haben indessen in einem Schreiben vom 15. April 1916 erklärt, sie könnten sich diesem Standpunkt nicht anschließen, sie seien gegen eine Zentralisierung der Auslandsstudien an einer einzelnen Anstalt, für die Handels-Hochschule könne es sich nur darum handeln, den hervortretenden Bedürfnissen entsprechend ergänzende Vorlesungen und Übungen einzurichten. Damit scheint ein Plan gescheitert zu sein, durch dessen Ausführung sich die Handels-Hochschule Berlin in ähnlicher Weise wie Köln und Frankfurt eine besondere, große Aufgabe geschaffen haben würde.

5. Einfluß des Krieges.

Der Überblick über das während meines Rektorats Geleistete und Erstrebte führt immer wieder auf die große Tatsache hin, die wie unser ganzes deutsches Leben so auch das der Handels-Hochschule Berlin aufs tiefste beeinflußt hat, den Weltkrieg. Am Ende des ersten meiner drei Rektoratsjahre ist er ausgebrochen, zwei Drittel meines Rektorats haben unter seinem Einfluß gestanden.

In vielen Beziehungen mußte der Krieg lähmend und niederdrückend auf das Leben der Hochschule wirken.

Im Laufe des Krieges ist ein ganz erheblicher Teil des Lehrkörpers der Hochschule entzogen worden. Teils wurden die Herren eingezogen, teils stellten sie sich freiwillig für Kriegsarbeiten zur Verfügung, teils schieden sie als feindliche Ausländer aus der Hochschule aus. So Einziehungen.

wurden die hauptamtlichen Dozenten Professor Dr. Prion, Professor Dr. Martens und Professor Leitner eingezogen, Prion ist inzwischen als Oberleutnant kriegsbeschädigt zurückgekehrt, hat aber seine Lehrtätigkeit nur zu einem kleinen Teile wieder aufnehmen können. Von nebenamtlichen Dozenten wurden u. a. Geheimrat Dr. Kühne, Professor Dr. Manes und Professor Dr. Tiessen eingezogen, Dr. Palme stellte sich der Heeresverwaltung zur Verfügung. Professor Dr. Wegener begab sich als Berichterstatter der Kölnischen Zeitung ins Große Hauptquartier, Professor Dr. Haguenin schied als Franzose und französischer Offizier aus dem Lehrkörper aus. Von den Beamten der Hochschule ging der größere Teil ins Feld, so vor allem sämtliche ständigen Beamten des Sekretariats. Die Zahl der Studierenden war sehr verringert. Während im Wintersemester 1913/1914 590 immatrikulierte Studenten der Hochschule angehört hatten, waren es im Wintersemester 1915/16 nur noch 398 und nach Abzug der wegen Militärdienstes Beurlaubten sogar nur 157, so daß ihre Zahl auf etwa ein Viertel herabgesunken war. Die Zahl der Hospitanten und Hörer hat sich gleichfalls erheblich vermindert.

Einschränkung des Lehrbetriebs.

Mit dem Fehlen wichtiger Dozenten und der verminderten Zahl der Studenten hängt es zusammen, daß während der beiden Kriegsjahre erhebliche Einschränkungen des Unterrichts stattgefunden haben. Wäre die Zahl der Studenten unvermindert gewesen, so wären die Ältesten der Kaufmannschaft von Berlin gewiß bereit gewesen, für alle die Dozenten, die einen wichtigen Lehrauftrag hatten, Ersatz zu schaffen. Die verminderte Studentenzahl drückte nicht nur die Einnahmen der Hochschule herab, sondern machte es in einigen Fällen auch zweifelhaft, ob ein zum Ersatz herangezogener Dozent auf eine einigermaßen angemessene Anzahl von Hörern rechnen könne. Hierauf beruht es, daß seit Ausbruch des Krieges das physikalische Institut gänzlich stillgestanden hat, und daß auch wichtige Seminare, das geographische Seminar, die drei Sprachenseminare und das Seminar für Handelslehrer, teils ohne Leiter gewesen sind, teils längere Zeit des Leiters entbehren mußten.

Stillstand der Weiterentwicklung.

Daß bei dieser Sachlage die Weiterentwicklung der Hochschule während des Krieges zu einem fast völligen Stillstand verurteilt war, ist klar. Bei meinen Plänen, vor allen Dingen bei der von mir empfohlenen Vermehrung der hauptamtlichen Lehrstühle, hatte ich stark damit gerechnet, daß sich durch eine erhöhte Anziehungskraft der Hochschule die Besucherzahl erheblich steigern und dadurch ein großer Teil der erforderlichen Mittel einkommen würde. Nunmehr ergab sich durch die Verminderung der Hochschulbesucher im Gegenteil ein Einnahmenausfall, der (neben andern Gründen) die Verwaltung zu großer Zurückhaltung bei allen mit Ausgaben verbundenen Schritten nötigte.

Die Verbesserung des Sprachunterrichts und der Ausbildung der Handelslehrer war außerdem dadurch gehemmt, daß die Leiter der Seminare fehlten. Eine Verwendung der Hochschule zur kaufmännischen Ausbildung von Offizieren konnte zunächst nicht in Betracht kommen, da die nicht im Felde stehenden Offiziere viel zu überlastet waren, um Zeit für eine besondere Ausbildung zu haben. Ganz allgemein waren alle Reformen dadurch erschwert, daß der Sinn des Dozenten- wie des Ältestenkollegiums ganz überwiegend von den Ereignissen und Sorgen des Krieges in Anspruch genommen war und daß man ganz zufrieden war, wenn es nur gelang, den Betrieb der Hochschule einigermaßen anständig weiterzuführen.

Verluste.

Nicht allein Pläne und Hoffnungen hat die Handels-Hochschule Berlin dem Kriege opfern müssen. Vom Lehrkörper ist kein Mitglied gefallen; aber Professor Dr. Prion ist als Oberleutnant kriegsbeschädigt aus dem Felde zurückgekehrt. Von den Beamten verlor die Hochschule einen, den Heizer Dorn. Die Zahl der gefallenen Studenten betrug 19, auf Anregung des Ausschusses der Studentenschaft ist in der Eingangshalle der Hochschule ein Ehrenbuch mit ihren Namen ausgelegt. Viele Studenten sind beschädigt aus dem Felde zurückgekehrt, sie füllen, zum Teil mit dem Eisernen Kreuz geschmückt, jetzt wieder die Hörsäle. Die Hochschule hat auch den Verlust vieler ehemaliger Angehöriger zu beklagen, unter ihnen den des englischen Lektors Dr. Neuendorff und des Diplomkaufmanns Willy Krauß, des ersten, der nach vierjährigem Bestehen der Hochschule die Diplomprüfung „mit Auszeichnung" bestand.

Anderseits hat der Krieg wie für ganz Deutschland, so auch für die Handels-Hochschule Berlin in mancher Hinsicht segensreich gewirkt.

Zusammensetzung der Studentenschaft.

Seit Ausbruch des Krieges ist die Hochschule wieder im großen ganzen deutsch. Im Sommersemester 1914 waren unter den immatrikulierten Studenten nicht weniger als 38 Prozent Ausländer und zwar überwiegend fremdsprachige Ausländer. Im Sommersemester 1916 gehörten nur noch 20 Prozent der Studenten fremden Staaten an, und diese waren zur Hälfte Österreicher und Ungarn. Vor dem Kriege war die übergroße Zahl der nicht deutschsprechenden Ausländer von Dozenten und Studenten der Hochschule störend empfunden worden, hierin ist nun eine erfreuliche Wandlung eingetreten.

Kriegszeitung und Liebesgaben.

Eine Reihe von schönen Aufgaben ist der Handels-Hochschule durch den Krieg erwachsen. Vor allem galt es, die Verbindung mit den im Felde stehenden Studenten aufrechtzuerhalten. Auf meine Anregung und mit Unterstützung des Lehrkörpers hat der Ausschuß der Studentenschaft eine Kriegszeitung herausgegeben, die unseren Studenten regelmäßig ins Feld gesandt wird und Nachrichten von der Handels-Hochschule, Briefe von Studenten aus dem Felde, allgemeinere Aufsätze und Gedichte enthält. Um Weihnachten habe ich jedesmal bei den Ältesten, dem Lehrkörper und der Studentenschaft eine Geldsammlung veranstaltet, und für den nicht unerheblichen Ertrag sind von freiwilligen Helfern aus der Studentenschaft Liebesgaben beschafft, eigenhändig verpackt und mit ernsten und heiteren Gedichten ins Feld gesandt worden.

Buch über die deutsche Volksernährung.

Außerdem hat sich die Handels-Hochschule während des Krieges bemüht, auch über ihre eigentlichen Aufgaben hinaus nützlich zu wirken. Mit einer Reihe von Mitarbeitern habe ich im Dezember 1914 ein Buch „Die deutsche Volksernährung und der englische Aushungerungsplan" (Braunschweig, Friedrich Vieweg und Sohn, 1914) veröffentlicht, das die Möglichkeit und die Mittel zur dauernden Sicherung unserer Ernährung darlegte und im In- und Ausland eine starke Wirkung entfalten konnte. Vom 23. Februar bis zum 4. März 1916 hat in der Hochschule ein von mir veranstalteter Berufsberatungskursus für kriegsbeschädigte Offiziere stattgefunden, bei welchem ausgezeichnete Vertreter der wichtigsten Berufe des öffentlichen und wirtschaftlichen Lebens über die sich in diesen Berufen bietenden Aussichten und sodann Vertreter der Wissenschaft über die wichtigsten Wissenszweige und deren Aneignung vortrugen. Zu diesem Kursus hatten sich 154 Teilnehmer eingefunden, die gehaltenen Vorträge sind inzwischen unter dem Titel „Berufswahl" (Berlin, E. S. Mittler & Sohn, 1916) als Buch erschienen, um in dieser Form einem noch größeren Kreise von Kriegsbeschädigten zu nutzen.

Berufsberatungskursus für kriegsbeschädigte Offiziere.

Berufswahlbuch.

Wenn der Krieg zu Ende ist, so werden hoffentlich die im ersten Jahre meines Rektorats begonnenen Arbeiten wieder aufgenommen werden, und es ist zu hoffen, daß die Hochschule dann die Entwicklungshemmungen, die ihr der Krieg gebracht hat, mit jugendlicher Kraft überwinden wird.

II. Die Verwaltung.

(Bericht des Sekretariats.)

Die Zusammensetzung der leitenden Organe der Handels-Hochschule während der Rektoratszeit ergibt sich aus folgender Übersicht:

A. Älteste der Kaufmannschaft von Berlin.

Älteste der Kaufmannschaft von Berlin.

1. Dr. Kaempf, Wirklicher Geheimer Rat, Präsident.
2. Dr. Weigert, Stadtältester, I. Vizepräsident.
3. Helfft, Geheimer Kommerzienrat, II. Vizepräsident.

Die Ältesten der Kaufmannschaft von Berlin erklärten sich auf Antrag des Rektors durch Zuschrift vom 4. November 1913 damit einverstanden, daß zu den Sitzungen der Handels-Hochschul-Verwaltungskommission außer dem Rektor fortan auch der letzte Rektor (Prorektor) eingeladen wird, um mit beratender Stimme an den Sitzungen teilzunehmen.

B. Großer Rat der Handels-Hochschule.

Großer Rat.

Im Sommersemester 1916 bildeten den Großen Rat folgende Herren:

1. Dr. Kaempf, Wirklicher Geheimer Rat, Präsident, als Vorsitzender (Stellvertreter siehe Nr. 15 und 16).
2. Dr. v. Seefeld, Wirklicher Geheimer Oberregierungsrat, vortragender Rat im Ministerium für Handel und Gewerbe.
3. v. Achenbach, Geheimer Regierungsrat, vortragender Rat im Ministerium der geistlichen und Unterrichtsangelegenheiten.
   } Vertreter der Königlichen Staatsregierung.
4. D. Dr. Kahl, Professor, Geheimer Justizrat, Vertreter der Universität Berlin.
5. Dr. Lampe, Professor, Geheimer Regierungsrat, Vertreter der Technischen Hochschule Charlottenburg.
6. Dr. Reicke, Bürgermeister, Vertreter des Magistrats Berlin.
7. Cassel, Geheimer Justizrat, Stadtverordnetenvorsteher-Stellvertreter, Vertreter der Stadtverordneten-Versammlung Berlin.
8. Dr. James Simon, Vertreter der Handelskammer zu Berlin.
9. Hermann Hecht,
10. Wilhelm Kantorowicz, Direktor
    } ernannt auf Grund § 3[13] der „Ordnung“.
11. Dr. Eltzbacher, Professor, Rektor der Handels-Hochschule.
12. Dr. Binz, Professor
13. Dr. Martens, Professor
14. Dr. Sombart, Professor
    } hauptamtliche Dozenten an der Handels-Hochschule.
15. Dr. Weigert, Stadtältester, Vizepräsident
16. Helfft, Geheimer Kommerzienrat, Vizepräsident
17. Dr. Antrick, Direktor
18. Boehme, Kommerzienrat
19. Heinrich Maas
20. Pincus, Kommerzienrat
    } Älteste der Kaufmannschaft von Berlin.
21. Paul Langer
22. Direktor Wassermann
    } Mitglieder der Finanzkommission der Korporation der Kaufmannschaft von Berlin.
23. Dr. Apt, Professor, Syndikus der Handels-Hochschule.

Stellvertreter der das Ältesten-Kollegium vertretenden Mitglieder: Budde, Geheimer Staatsrat a. D., Kommerzienrat Moser, Geheimer Kommerzienrat Frenkel, Kommerzienrat Louis Mann, Kommerzienrat C. L. Netter, Direktor Steinthal.

In der Rektoratszeit hielt der Große Rat drei Sitzungen ab.

Am 31. März 1914 wurde beschlossen:

1. die Berufung des Professors Delmer zum provisorischen Leiter des Sprachenseminars für Englisch und zur Abhaltung einer einstündigen Vorlesung über englische Kultur;
2. die Befreiung der Kinder, Frauen und Witwen hauptamtlicher Dozenten von den Gebühren für Studierende sowie für Hospitanten und Hörer.

Am 28. April 1914 wurde die Berufung des ordentlichen Professors an der Universität Zürich Dr. Esslen zum hauptamtlichen Dozenten der Volkswirtschaftslehre beschlossen.

Am 31. Mai 1916 wurde beschlossen:

1. die Zulassung des Dr. Kaufmann als Privatdozent für Bankwesen;

2. die Ernennung des Chefredakteurs Dr. Alb. Haas zum nebenamtlichen Dozenten.

Stadtrat Hermann Jacoby, Mitglied des Großen Rats seit Begründung der Handels-Hochschule, starb am 22. Mai 1914. Kommerzienrat Max Richter, ebenfalls Mitglied des Großen Rats seit der Begründung der Hochschule, starb am 9. März 1915.

Aufnahmeausschuß.

C. Aufnahmeausschuß.

Der Aufnahmeausschuß setzte sich im Sommersemester 1916 aus folgenden Herren zusammen:

1. Dr. Eltzbacher, Rektor der Handels-Hochschule, Vorsitzender.
2. Dr. Apt, Professor, Syndikus der Handels-Hochschule.
3. Dr. Binz, Professor.
4. Dr. Martens, Professor.
5. Dr. Sombart, Professor.
6. Dr. Weigert, Stadtältester } Älteste der Kaufmannschaft von Berlin.
7. Heinrich Maas }

Stellvertreter der das Ältesten-Kollegium vertretenden Mitglieder: Oskar Heimann, Edgar Rosenthal.

Der Aufnahmeausschuß trat im Wintersemester 1913/14 zu 2 Sitzungen, in den fünf folgenden Semestern zu je einer Sitzung zusammen, um solche Fälle zu begutachten, bei denen es zweifelhaft erschien, ob die zur Aufnahme erforderlichen Bedingungen erfüllt waren. Es wurden in diesen Fällen

	WS. 1913/14	*SS. 1914*	WS. 1914/15	*SS. 1915*	WS. 1915/16	*SS. 1916*
als Studierende aufgenommen ...	45	*20*	7	*6*	5	*1*
als Studierende abgelehnt	29	*7*	10	*2*	4	*1*
als Hospitanten aufgenommen ..	7	*3*	3	*1*	1	—
als Hospitanten abgelehnt.......	2	—	2	*1*	1	—

Als Sachverständige wirkten: für die Beurteilung russischer Zeugnisse Dr. Palme, für österreichische und ungarische Zeugnisse Professor Leitner.

Beamte.

D. Beamte.

Von Kriegsbeginn an steht der Sekretariatsleiter Vogel im Heeresdienst. Im Laufe des Jahres 1915 wurden die Beamten Brehm, Jepp, Pauliks und Reeck zum Heeresdienst eingezogen. Seit Herbst 1915 führt der Beamte A. Meyer stellvertretungsweise die Sekretariats geschäfte. Außerdem sind seit Herbst 1915 Rechnungsrat Kriegsmann, Fräulein Lehmann und Fräulein Ziese tätig. Vom Frühjahr 1916 ab wurden Fräulein Heide und der Bureauhilfsarbeiter Dehnke im Sekretariat beschäftigt.

E. Gebührenwesen.

Auf dem Gebiet des Gebührenwesens wurden einige Beschlüsse von allgemeiner Bedeutung gefaßt.

Die Gebühr für einstündige Abendvorlesungen (von 6 Uhr ab) wurde allgemein von zehn Mark auf fünf Mark ermäßigt. Ermäßigung und Erlaß von Gebühren.

Die Söhne, Töchter, Frauen und Witwen hauptamtlicher Dozenten sind nach einem Beschluß des Großen Rats von der Zahlung des Studiengeldes einschließlich der Immatrikulationsgebühr und des Honorars für Benutzung der naturwissenschaftlichen Institute als Studierende, als Hospitanten und als Hörer befreit.

Den kriegsbeschädigten Feldzugsteilnehmern wurde der Besuch der Handels-Hochschule dadurch erleichtert, daß die Aufnahmegebühren und das Studiengeld für Studierende, Hospitanten und Hörer auf die Hälfte der in der Gebührenordnung festgesetzten Beträge ermäßigt wurden.

Die Ältesten der Kaufmannschaft von Berlin erklärten sich damit einverstanden, daß die in Lazaretten Groß-Berlins untergebrachten Offiziere, Unteroffiziere und Mannschaften, die über eine ausreichende Vorbildung verfügen, bis auf weiteres die Vorlesungen an der Handels-Hochschule unentgeltlich besuchen können. Diese Vergünstigung wurde auch auf die österreichisch-ungarischen Kameraden ausgedehnt.

III. Der Lehrkörper.

(Bericht des Sekretariats.)

Als Stellvertreter des Rektors Professor Dr. Eltzbacher wirkte während der Rektoratszeit Professor Dr. A. Binz. Am 31. Mai 1916 wählte das Dozentenkollegium Professor Dr. Schär zum Rektor für die Amtsperiode vom 1. Oktober 1916 bis 1. Oktober 1919. Die Wahl wurde nach Zustimmung des Ministers für Handel und Gewerbe am 3. Juli von den Ältesten der Kaufmannschaft bestätigt. Rektor und Stellvertreter.

Ende WS. 1913/14 schied der hauptamtliche Dozent der englischen Sprache, Professor Dr. Spies, aus dem Lehrkörper aus und folgte einem Ruf als ordentlicher Professor an die Universität Greifswald. Ernennungen und Veränderungen im Lehrkörper.

Mit Schluß des SS. 1914 schied der hauptamtliche Dozent Professor Dr. Jastrow, erster Rektor der Handels-Hochschule, aus dem Lehrkörper aus.

Mit Beginn des WS. 1914/15 nahm der hauptamtliche Dozent Dr. Esslen als Professor der Volkswirtschaftslehre seine Vorlesungen auf.

Professor Dr. Joseph Esslen wurde am 13. August 1879 in Trier geboren; er besuchte das Gymnasium in Luxemburg, bestand das Abiturientenexamen Ostern 1899 auf dem Kaiser-Wilhelm-Gymnasium in Köln, studierte in Berlin und München, promovierte im Sommer 1902 zum Doktor oec. publ. in München mit dem Prädikat summa cum laude, habilitierte sich im Sommer 1905 in München, erhielt im Wintersemester 1905/06 einen Ruf als a. o. Professor der Volkswirtschaftslehre und Wirtschaftsgeographie nach Zürich und wurde im Winter 1912/13 zum ordentlichen Professor ernannt.

Von seinen Schriften sind die folgenden zu verzeichnen:

A. in Buchform:

1. Geschichte der Entwicklung der Gemeindebesteuerung im rechtsrheinischen Bayern 1800—1869 (nach Ministerialakten-Diss.), München 1903.
2. Das Gesetz des abnehmenden Bodenertrages seit Justus von Liebig, eine dogmengeschichtliche Untersuchung, München 1905 (Habilitationsschrift).
3. Konjunktur und Geldmarkt 1902—1908, Stuttgart 1909.
4. Die direkten Steuern im Kanton Zürich und ihre Reform, Zürich 1910.
5. Die Fleischversorgung des Deutschen Reiches, Stuttgart 1912.

Außerdem lieferte er größere Beiträge für das Archiv für Soz. Wissenschaft und Sozialpolitik, für Conrads Jahrbücher usw.

Die Berufung des Dr. Prion zum Professor der Handelswissenschaften an der Handels-Hochschule Berlin wurde von den zuständigen Ministern durch Erlaß vom 1. Juni 1915 bestätigt.

Der nebenamtliche Dozent Norden, Chefredakteur der Handelszeitung des Berliner Tageblatts, schied Ende SS. 1914 aus dem Lehrkörper aus.

Die Lektoren Dr. Boehme, Dr. de Mugica, Dr. Neuendorff (gefallen auf dem Felde der Ehre), Dr. K. Schmidt schieden mit Schluß des SS. 1914 aus dem Lehrkörper aus.

Wegen des Krieges (WS. 1914) schieden die folgenden Herren als Angehörige des feindlichen Auslandes aus dem Lehrkörper aus: Professor Haguenin sowie die Lektoren Francillon, Milton Hart, Maillet, Puy-Fourcat.

Rechtsanwalt Dr. Nußbaum, Privatdozent an der Universität, wurde vom WS. 1914/15 ab mit Vorlesungen über Rechtswissenschaft betraut.

Vom WS. 1914/15 ab wurde Dr. Haas, Chefredakteur des Berliner Börsen-Couriers, mit Vorlesungen über Handelsjournalistik betraut. Im SS. 1916 ernannten die Ältesten der Kaufmannschaft ihn zum nebenamtlichen Dozenten.

Professor Baschin, Kustos des Geographischen Instituts der Universität, wurde seit dem WS. 1914/15 mit Vorlesungen über Wirtschaftsgeographie betraut.

Professor Delmer, Lektor an der Universität, wurde für das WS. 1914/15 mit einer Vorlesung in englischer Sprache (Aspects and Problems of Modern England) betraut. Der Ausbruch des Krieges verhinderte die Abhaltung der Vorlesung, da Professor Delmer als Angehöriger des feindlichen Auslandes aus dem Lehrkörper ausschied.

Als Lektor der französischen Sprache wirkte vom WS. 1914/15 ab Professor Dr. Pariselle, Lehrer an der Kriegsakademie und Lektor an der Universität.

Am 29. Dezember 1914 starb der nebenamtliche Dozent Geheimer Regierungsrat Dr. Eger.

Dem Geh. Reg.-Rat Dr. Freiherrn v. Liebig wurde am 11. März

1915 in Anerkennung seiner wissenschaftlichen Leistungen das Prädikat Professor verliehen.

Seit dem SS. 1915 wirkte der Lehrer an der Kriegsakademie Baron v. d. Osten-Sacken als Lektor für Russisch.

Professor Dr. Goldschmidt schied Ende SS. 1915 aus Gesundheitsrücksichten aus dem Lehrkörper aus.

Professor Dr. Frischeisen-Köhler nahm zum 1. Oktober 1915 einen Ruf an die Universität Halle an.

Professor Dr. Jäckh, Leiter der Deutsch-Türkischen Vereinigung, wurde vom WS. 1915/16 ab mit Vorlesungen über Orientpolitik betraut.

Dr. Liebert wurde vom WS. 1915/16 ab mit Vorlesungen über Philosophie betraut.

Vom WS. 1915/16 ab wirkt Ali Nizami Bey als Lektor der türkischen Sprache.

Dr. Eugen Kaufmann habilitierte sich im SS. 1916 als erster Privatdozent an der Handels-Hochschule Berlin, und zwar für Bankwesen.

Am Schlusse der Rektoratszeit setzte sich der Lehrkörper wie folgt zusammen: Zusammensetzung des Lehrkörpers.

I. Rektor (Rektoratsperiode Oktober 1913 bis Oktober 1916).

Dr. *Eltzbacher*, Professor.

II. Stellvertreter des Rektors.

Dr. *Binz*, Professor.

III. Dozenten im Hauptamte.

1. Dr. *Binz*, Professor der Chemie.
2. Dr. *Eltzbacher*, Professor der Rechtswissenschaft.
3. Dr. *Esslen*, Professor der Volkswirtschaftslehre.
4. Dr. *Hellauer*, Professor der Handelswissenschaften.
5. *Leitner*, Professor der Handelswissenschaften.
6. Dr. *Martens*, Professor der Physik.
7. Dr. *Preuß*, Professor des öffentlichen Rechts.
8. Dr. *Prion*, Diplom-Kaufmann, Professor der Handelswissenschaften.
9. Dr. *Schär*, Professor der Handelswissenschaften.
10. Dr. *Sombart*, Professor der Staatswissenschaften.

IV. Dozenten im Nebenamte.

11. Dr. *Apt*, Professor, Syndikus der Ältesten der Kaufmannschaft von Berlin und Syndikus der Handels-Hochschule.
12. Dr. *v. Bortkiewicz*, a. o. Professor der Universität.
13. Dr. *Crüger*, Justizrat, Professor, Anwalt des Allgemeinen Deutschen Genossenschafts-Verbandes.
14. Dr. *Haas*, Chefredakteur des Berliner Börsen-Couriers.
15. Dr. *Hager*, Regierungsrat a. D., Generaldirektor der Preußischen Lebens-Versicherungs-Aktien-Gesellschaft, Mitglied des Direktoriums der Reichsversicherungsanstalt für Angestellte.
16. *Hermann Hecht*, Kaufmann, Mitinhaber der Firma Hecht, Pfeiffer & Co., Mitglied der Handelskammer zu Berlin.
17. Dr. *Heilfron*, Amtsgerichtsrat, Professor.
18. Dr. *Herrmann*, Professor, Privatdozent an der Universität, Schriftleiter der Gesellschaft für deutsche Erziehungs- und Schulgeschichte.
19. Dr. *Hoeniger*, Professor, Privatdozent an der Universität, Lehrer an der Kriegsakademie.
20. *J. Hoffmann*, Bureaudirektor der Korporation der Kaufmannschaft.
21. Dr. *Jessen*, Geheimer Regierungsrat, Direktor am Kunstgewerbe-Museum.
22. Dr. *Justi*, Professor, Direktor der Kgl. National-Galerie zu Berlin.
23. Dr. *Köbner*, a. o. Professor an der Universität, Geheimer Admiralitätsrat und vortragender Rat im Reichs-Marine-Amt.
24. Dr. *Kriele*, Volkswirtschaftlicher Beirat der Ältesten der Kaufmannschaft von Berlin.

25. Dr. *Kuczynski*, Direktor des Statistischen Amts der Stadt Schöneberg.
26. Dr. *Kühne*, Geheimer Regierungsrat, ordentliches Mitglied des Landesgewerbeamts.
27. Dr. *Freiherr v. Liebig*, Professor, Geheimer Regierungsrat, Direktor im Kaiserlichen Aufsichtsamt für Privatversicherung.
28. Dr. *v. Luschan*, o. Professor an der Universität, Geheimer Regierungsrat.
29. Dr. *Manes*, Professor, Generalsekretär des Deutschen Vereins für Versicherungswissenschaft.
30. Dr. *Marcuse*, Professor, Privatdozent an der Universität, Lehrer beim Luftschiffer-Bataillon und an der Militärtechnischen Akademie.
31. Dr. *F. Meyer*, Geheimer Justizrat, Kammergerichtsrat.
32. Dr. *Muthesius*, Geheimer Regierungsrat.
33. Dr. *Osterrieth*, Professor, Generalsekretär des Deutschen Vereins für den Schutz des gewerblichen Eigentums.
34. Dr. *Palme*, Lehrer am Orientalischen Seminar der Universität.
35. *Paschke*, Verlagsbuchhändler, Inhaber der Haude & Spenerschen Buchhandlung Max Paschke.
36. Dr. *Rahts*, Professor, Kaiserl. Regierungsrat und Mitglied des Kaiserl. Statistischen Amtes.
37. Lic. Dr. *Rohrbach*.
38. Dr. *v. Seefeld*, Wirklicher Geheimer Oberregierungsrat, vortragender Rat im Ministerium für Handel und Gewerbe.
39. Dr. *Somary*.
40. Dr. *Tiessen*, Professor.
41. Dr. *Georg Wegener*, Professor.
42. Dr. *Ziegel*, Direktor bei der Versicherungs-Gesellschaft „Victoria zu Berlin".

V. Mit Vorlesungen betraut.

43. *Baschin*, Professor, Kustos des Geographischen Instituts der Universität
44. Dr. *v. Erdberg*.
45. Dr. *Gerstner*, Sachverständiger für kaufmännische Buchhaltung, beeidigter Bücherrevisor bei der Handelskammer zu Berlin und der Potsdamer Handelskammer, Sitz Berlin.
46. Dr. *Hoffmann, J. F.*, Professor am Institut für Gärungsgewerbe zu Berlin.
47. Dr. *Jäckh*, Professor.
48. Dr. *Liebert*.
49. *Mantzke*, Diplom-Handelslehrer.
50. Dr. *Nußbaum*, Rechtsanwalt, Privatdozent an der Universität.
51. *Röthe*, Geheimer Oberpostrat, vortragender Rat im Reichspostamt.
52. Dr. *Zoepfl*, a. o. Professor an der Universität, Geheimer Oberregierungsrat und vortragender Rat im Reichskolonialamt.

VI. Privatdozenten.

53. Dr. *Kaufmann*, Privatdozent für Bankwesen.

VII. Lektoren.

54. *Brandenburg*, Professor, Oberlehrer.
55. Dr. *Hecker*, Professor, Lektor an der Universität.
56. *Nizami Bey*.
57. Baron *v. d. Osten-Sacken*, Lehrer an der Kriegsakademie.
58. *de Palacios*, Konsul a. D.
59. Dr. *Pariselle*, Professor, Lehrer an der Kriegsakademie, Lektor an der Universität.
60. Dr. *Paszkowski*, Professor, Leiter der Akademischen Auskunftsstelle an der Universität und Lektor der deutschen Sprache daselbst, Direktor des deutschen Instituts für Ausländer (Böttinger Studienhaus).

VIII. Lehrer für Stenographie.

61. *Coprian, Heinrich*, Rektor.

IV. Studierende, Hospitanten, Hörer.

(Bericht des Sekretariats.)

Art der Immatrikulation.

Die Art der Immatrikulation hat der Rektor vereinfacht. Während bisher die Einzeichnung in das Album der Handels-Hochschule nur am Immatrikulationstage, und zwar unmittelbar vor der Aufnahme durch den Rektor im Immatrikulationsraum, geschah, was bei einer größeren Anzahl von Erschienenen recht viel Zeit in Anspruch nahm, erfolgt die Eintragung in das Album gegenwärtig sogleich im Sekretariat, wenn der Antragsteller den Zeugnissen zufolge die Aufnahmebedingungen zweifellos erfüllt und die Gebühren entrichtet hat. Am Immatrikulationstage begeben sich die Erschienenen zur festgesetzten Stunde in den Immatrikulationsraum, wo der Rektor sie nach einer Ansprache durch Handschlag unter Überreichung der Matrikel auf die Ordnungen der Handels-Hochschule verpflichtet und unter die Studierenden aufnimmt.

Die Gesamtzahl der Hochschulbesucher, die Staatsangehörigkeit der immatrikulierten Studierenden, die Anzahl der Frauen unter ihnen, die Vorbildung, das Durchschnittsalter und der Beruf der Väter ergeben sich aus den folgenden Tabellen. Besuch der Hochschule.

Tab. 1. Besuch der Hochschule.

WS.	Zahl der Studierenden	Gesamtzahl der Studierenden, Hospitanten und Hörer	*SS.*	Zahl der Studierenden	Gesamtzahl der Studierenden, Hospitanten und Hörer
1906/07	213	1393	*1907*	*253*	*920*
1907/08	369	1667	*1908*	*339*	*968*
1908/09	402	2026	*1909*	*400*	*863*
1909/10	419	1908	*1910*	*388*	*902*
1910/11	448	1946	*1911*	*419*	*822*
1911/12	478	1598	*1912*	*486*	*1036*
1912/13	511	1611	*1913*	*493*	*909*
1913/14	590	1776	*1914*	*562*	*1027*
1914/15	375	1020	*1915*	*376*	*600*
1915/16	398	899	*1916*	*399*	*638*

Tab. 2. Ab- und Zugang der Studierenden. Studierende.

	WS. 1913/14	*SS. 1914*	WS. 1914/15	*SS. 1915*	WS. 1915/16	*SS. 1916*
Abgegangen:						
a) nach Ablegung der Diplomprüfung	54	*44*	15	*7*	5	*10*
b) nach Ablegung der Handelslehrerprüfung	11	*13*	9	*3*	3	*3*
c) mit Exmatrikel	56	*80*	73	*11*	13	*14*
d) ohne Exmatrikel	44	*44*	80	*11*	5	*10*
e) gelöscht	12	*18*	75	—	—	*1*
f) verstorben	—	—	1	*1*	—	—
g) gefallen	—	—	2	*9*	6	*2*
zusammen	177	*199*	255	*42*	32	*40*
Zugang an Neuimmatrikulierten	273	171	68	43	54	41
Zu- oder Abnahme	+96	*—28*	—187	*+1*	+22	*+1*

Tab. 3. Beurlaubungen.

	WS. 1913/14	*SS. 1914*	WS. 1914/15	*SS. 1915*	WS. 1915/16	*SS. 1916*
Von den Studierenden waren beurlaubt:						
wegen Krankheit	5	*12*	2	*1*	2	*3*
wegen Militärdienstes	9	*16*	183	*220*	241	*245*
aus anderen Gründen	1	*7*	23	*24*	24	*24*
zusammen	15	*35*	208	*245*	267	*272*

Tab. 4. **Deutsche Studierende nach Bundesstaaten.**

	WS. 1913/14	*SS. 1914*	WS 1914/15	*SS. 1915*	WS. 1915/16	*SS. 1916*
Preußen	292	*286*	251	*244*	256	*261*
Bayern	15	*17*	11	*11*	9	*9*
Sachsen	13	*10*	6	*9*	9	*8*
Württemberg	9	*8*	6	*6*	6	*6*
Baden	3	*1*	2	*1*	1	*1*
Mecklenburg-Schwerin	6	*3*	3	*4*	6	*6*
Mecklenburg-Strelitz	—	—	—	—	—	—
Hessen-Darmstadt	2	*1*	1	*2*	1	*1*
Oldenburg	1	*3*	3	*4*	3	*2*
Braunschweig	5	*3*	1	*2*	3	*3*
Sachsen-Weimar	1	*1*	2	*3*	3	*3*
Sachsen-Meiningen	—	—	—	—	—	—
Sachsen-Coburg-Gotha	1	*1*	—	*2*	2	*2*
Sachsen-Altenburg	—	—	1	—	1	*1*
Anhalt	1	—	1	*1*	2	*1*
Waldeck	—	—	—	—	—	—
Lippe-Detmold	1	*1*	1	*1*	1	*1*
Lippe-Schaumburg	—	—	—	—	—	—
Schwarzburg-Rudolstadt	—	—	1	*1*	1	—
Schwarzburg-Sondershausen	—	—	1	*1*	—	—
Reuß ä. L.	—	—	—	—	—	—
Reuß j. L.	—	—	—	—	—	—
Hamburg	2	*3*	5	*5*	4	*5*
Bremen	1	*2*	1	*1*	1	*1*
Lübeck	—	*2*	2	*2*	2	*2*
Elsaß-Lothringen	2	*4*	5	*4*	4	*4*
zusammen	355	*346*	304	*304*	315	*317*

Tab. 5. **Preußische Studierende nach Provinzen.**

	WS. 1913/14	*SS. 1914*	WS. 1914/15	*SS. 1915*	WS. 1915/16	*SS. 1916*
Ostpreußen	11	*8*	5	*4*	4	*5*
Westpreußen	15	*11*	5	*4*	4	*3*
Berlin	52	*51*	47	*46*	50	*54*
Brandenburg	88	*94*	91	*84*	90	*88*
darunter Berliner Vororte	65	*69*	65	*58*	67	*60*
Pommern	8	*12*	11	*12*	12	*14*
Posen	14	*14*	14	*16*	16	*18*
Schlesien	40	*38*	35	*38*	39	*35*
Sachsen	13	*18*	15	*12*	10	*11*
Schleswig-Holstein	4	*3*	3	*3*	3	*5*
Hannover	11	*9*	9	*7*	7	*6*
Westfalen	18	*13*	9	*8*	7	*7*
Hessen-Nassau	5	*1*	1	*1*	4	*3*
Rheinprovinz	10	*7*	4	*6*	7	*9*
ohne Wohnsitz in Preußen	3	*7*	2	*3*	3	*3*
zusammen	292	*286*	251	*244*	256	*261*

Tab. 6. **Ausländische Studierende.**

	WS. 1913/14	*SS. 1914*	WS. 1914/15	*SS. 1915*	WS. 1915/16	*SS. 1916*
Argentinien	—	—	—	*1*	1	*1*
Bolivien	—	—	—	—	—	—
Brasilien	3	*3*	—	—	—	—
Bulgarien	17	*16*	13	*13*	12	*12*
Chile	—	—	—	—	—	—
China	—	—	—	—	1	*1*
Finnland	—	—	—	—	—	—

	WS. 1913/14	*SS. 1914*	WS. 1914/15	*SS. 1915*	WS. 1915/16	*SS. 1916*
Übertrag	20	*19*	13	*14*	14	*14*
Frankreich	—	—	—	—	—	—
Griechenland	—	—	1	*1*	2	*2*
Großbritannien und Irland	—	—	—	—	—	—
Holland	1	*1*	—	*1*	1	—
Italien	—	—	—	—	—	—
Norwegen	1	*2*	—	*1*	1	*2*
Österreich-Ungarn	70	*64*	37	*38*	45	*40*
Persien	2	*2*	—	—	—	—
Portugal	1	—	—	—	—	—
Rumänien	26	*20*	10	*9*	12	*15*
Rußland	97	*89*	1	*1*	—	*3*
Schweden	3	*3*	1	—	1	—
Schweiz	2	*2*	2	*2*	3	*2*
Serbien	7	*8*	—	—	—	—
Spanien	1	*1*	—	—	—	—
Türkei	2	*3*	3	*2*	2	*3*
Venezuela	1	*1*	1	*1*	1	—
Vereinigte Staaten von Amerika	1	*1*	2	*2*	1	*1*
zusammen	235	*216*	71	*72*	83	*82*
Prozent der Gesamtzahl der immatrikulierten Studierenden	39,7	*38,4*	19,6	*19,2*	20,9	*20,5*

Tab. 7. Weibliche Studierende
(in Tabellen 4, 5 und 6 schon einbegriffen).

	WS. 1913/14	*SS. 1914*	WS. 1914/15	*SS. 1915*	WS. 1915/16	*SS. 1916*
Deutsche	28	*31*	30	*42*	46	*45*
Ausländerinnen	25	*18*	4	*3*	4	*3*
Summe	53	*49*	34	*45*	50	*48*

Tab. 8. Vorbildung der deutschen Studierenden.

	WS. 1913/14	*SS. 1914*	WS. 1914/15	*SS. 1915*	WS. 1915/16	*SS. 1916*
1. Kaufmännische Lehrzeit und Berechtigung für den Einjährig-Freiwilligen-Dienst	159	*166*	146	*136*	141	*148*
2. Zeugnis der Reife						
a) von humanist. Gymnasien	57	*46*	40	*42*	43	*43*
b) von Realgymnasien	18	*26*	20	*18*	17	*16*
c) von Oberrealschulen	16	*10*	6	*5*	8	*8*
Summe von a, b und c	91	*82*	66	*65*	68	*67*
Von diesen besaßen außerdem noch Zeugnisse über kaufmännische Ausbildung	22	*14*	17	*15*	14	*8*
3. Lehrerzeugnis	52	*41*	38	*37*	36	*38*
4. Immatrikuliert auf Beschluß des Aufnahme-Ausschusses (§ 6⁴ d. Ordn.)						
a) mit Einjährig-Freiwilligen-Zeugnis	20	*21*	19	*19*	18	*13*
b) ohne Einjährig-Freiwilligen-Zeugnis	5	*5*	5	*5*	6	*6*
5. Frauen (unter Nr. 1 bis 4 nicht mitgezählt):						
a) mit Lehrerinnenzeugnis	—	*6*	5	*9*	9	*10*
b) immatrikuliert gemäß § 6⁴ d. Ordn.	25	*25*	25	*33*	37	*35*

Tab. 9. Vorausgegangener Besuch anderer Hochschulen.

Zeit der Immatrikulation an der Handels-Hochschule Berlin:	Zahl der Studierenden, welche verbracht hatten: an anderen Handels-Hochschulen:				an Universitäten, Technischen Hochschulen etc.				Summe, mit nur einmaliger Zählung der zu beiden Kategorien gehörenden Studierenden
	1 Sem.	2 Sem.	3 Sem.	4 und mehr Sem.	1 Sem.	2 Sem.	3 Sem.	4 und mehr Sem.	
					WS. 1913/14.				
SS. 1911 ...	—	—	—	—	—	—	—	—	121 = 21% von insgesamt 590 Studierenden.
WS. 1911/12.	1	1	—	—	1	1	—	1	
SS. 1912 ...	*1*	*1*	—	—	—	*1*	—	*1*	
WS. 1912/13.	2	5	—	1	4	3	1	8	
SS. 1913 ...	*7*	*2*	*2*	—	*2*	*1*	*1*	*5*	
WS. 1913/14.	14	12	—	3	4	12	3	28	
					SS. 1914.				
WS. 1911/12.	—	—	—	—	—	—	—	—	110 = 20% von insgesamt 562 Studierenden.
SS. 1912 ...	—	*1*	—	—	—	*1*	—	—	
WS. 1912/13.	2	—	—	—	3	4	—	2	
SS. 1913 ...	*4*	*2*	*1*	—	*2*	—	—	*2*	
WS. 1913/14.	5	11	—	3	4	6	3	18	
SS. 1914 ...	*11*	*5*	*2*	—	*2*	*5*	*2*	*13*	
					WS. 1914/15.				
SS. 1912 ...	—	—	—	—	—	—	—	—	52 = 14% von insgesamt 375 Studierenden.
WS. 1912/13.	—	—	—	—	1	—	—	—	
SS. 1913 ...	*3*	*1*	*1*	—	—	*1*	*1*	—	
WS. 1913/14.	1	5	—	—	2	1	1	5	
SS. 1914 ...	*2*	*1*	*1*	—	—	*2*	*1*	*6*	
WS. 1914/15.	5	—	1	—	2	2	1	7	
					SS. 1915.				
WS. 1912/13.	—	—	—	—	1	—	—	—	62 = 16% von insgesamt 376 Studierenden.
SS. 1913 ...	*3*	—	—	—	—	*2*	*2*	—	
WS. 1913/14.	1	5	—	—	2	1	1	5	
SS. 1914 ...	*2*	*1*	—	—	—	*2*	*1*	*6*	
WS. 1914/15.	4	—	1	—	2	2	1	5	
SS. 1915 ...	*8*	*1*	—	—	*2*	—	—	*4*	
					WS. 1915/16.				
WS. 1912/13.	—	—	—	—	1	—	—	—	59 = 15% von insgesamt 398 Studierenden.
SS. 1913 ...	*2*	*1*	*1*	—	*1*	—	*1*	—	
WS. 1913/14.	1	5	—	—	2	1	1	4	
SS. 1914 ...	*2*	*1*	—	—	—	*1*	—	*4*	
WS. 1914/15.	2	—	1	—	2	1	1	5	
SS. 1915 ...	*6*	*1*	—	—	*1*	—	—	*2*	
WS. 1915/16.	2	1	—	—	1	—	2	2	
					SS. 1916.				
WS. 1912/13.	—	—	—	—	1	—	—	—	56 = 14% von insgesamt 399 Studierenden.
SS. 1913 ...	1	1	1	—	—	—	1	—	
WS. 1913/14.	1	5	—	—	2	1	—	4	
SS. 1914 ...	*2*	*1*	—	—	—	*1*	—	*4*	
WS. 1914/15.	2	—	1	—	2	—	1	4	
SS. 1915 ...	*4*	—	—	—	*1*	—	—	*3*	
WS. 1915/16.	1	2	—	—	1	—	2	2	
SS. 1916 ...	—	*1*	—	—	—	—	*1*	*2*	

Tab. 10. **Alter der Studierenden:**

	17	18	19	20	21	22	23	24	25	26	27	28	29	30	31	32	33	34	35	36	37	38	39	40	üb. 40 Jahre
WS. 1913/14	6	38	65	83	91	77	51	46	27	16	13	12	12	10	10	10	3	4	4	3	2	2	1	—	4
SS. 1914...	—	*12*	*54*	*71*	*73*	*91*	*61*	*50*	*39*	*22*	*10*	*17*	*9*	*9*	*10*	*6*	*7*	*4*	*2*	*4*	*1*	*3*	*2*	*2*	*3*
WS. 1914/15	1	16	30	48	40	51	41	29	36	14	12	8	8	4	7	2	4	3	2	6	—	5	1	2	5
SS. 1915...	—	*3*	*16*	*31*	*47*	*43*	*53*	*39*	*29*	*34*	*12*	*10*	*10*	*9*	*5*	*7*	*3*	*2*	*4*	*2*	*6*	—	*5*	*1*	*5*
WS. 1915/16	6	9	16	38	47	43	54	39	30	28	13	11	10	9	5	7	3	3	4	2	7	1	5	1	7
SS. 1916 ..	—	*13*	*13*	*21*	*45*	*42*	*45*	*46*	*33*	*34*	*26*	*10*	*12*	*9*	*8*	*3*	*6*	*3*	*4*	*3*	*3*	*7*	—	*4*	*9*

Tab. 11. **Durchschnittsalter der Studierenden in Jahren.**

	WS. 1913/14	*SS. 1914*	WS. 1914/15	*SS. 1915*	WS. 1915/16	*SS. 1916*
a) Sämtliche Studierende	22,8	*23,4*	23,8	*24,7*	24,5	*25,2*
b) Darunter immatrikul. Lehrer.	30	*31,7*	32,5	*32,7*	30,1	*32,6*

Tab. 12. **Beruf der Väter der Studierenden.**

	WS. 1913/14	*SS. 1914*	WS. 1914/15	*SS. 1915*	WS. 1915/16	*SS. 1916*
I. Kaufleute:						
a) Selbständige Unternehmer..	221	*219*	122	*126*	133	*141*
b) Direktoren von Banken und Fabriken, Prokuristen	41	*46*	36	*34*	32	*33*
c) „Kaufmann" laut eigener Angabe	26	*20*	12	*12*	15	*15*
II. Privatbeamte	6	*5*	4	*3*	1	*2*
III. Reichs-, Staats- und Kommunalbeamte	105	*96*	74	*68*	68	*67*
davon Lehrer	30	*25*	23	*21*	17	*20*
„ Geistliche	9	*5*	2	*2*	2	*2*
IV. Offiziere	7	*8*	7	*7*	7	*7*
V. Gelehrtenberufe	42	*34*	15	*12*	16	*15*
VI. Landwirte	42	*40*	27	*32*	40	*38*
VII. Handwerker	22	*23*	25	*25*	25	*24*
VIII. Sonstige Berufe.........	74	*66*	52	*55*	59	*56*
davon Rentner	37	*37*	30	*34*	36	*33*
IX. Ohne Angabe...........	4	*5*	1	*2*	2	*1*

Tab. 13. **Hospitanten und Hörer.**

	WS. 1913/14	*SS. 1914*	WS. 1914/15	*SS. 1915*	WS. 1915/16	*SS. 1916*
Hospitanten	261	*177*	95	*51*	62	*58*
darunter Ausländer.............	33	*20*	10	*5*	10	*9*
Hörer	925	*288*	550	*173*	442	*192*
Summa	1186	*465*	645	*224*	504	*250*

Ausschuß der Studentenschaft.

Trotz der durch den Krieg stark verminderten Studentenzahl konnte die Arbeit des Ausschusses der Studentenschaft, wenn auch mit großen Schwierigkeiten, in vollem Umfange aufrechterhalten werden. Das Soziale Amt des Ausschusses ist mit der Einrichtung eines großzügigen Wohnungsamtes beschäftigt. Durch das Presseamt wurde das Archiv weiterhin vergrößert. Das Stellenvermittlungsamt mußte sich leider fast ausschließlich auf die Vermittlung von Handelslehrerstellungen beschränken. Das Bücheramt verkaufte außer den sonstigen zum Verkauf übergebenen Büchern noch einige Büchereien gefallener Kommilitonen.

Um mit den Kommilitonen im Felde in engster Verbindung zu bleiben, rief der Ausschuß den Kriegsausschuß ins Leben. Dieser sandte Liebesgaben ins Feld und gab für die im Felde stehenden Angehörigen der Hochschule eine Kriegszeitung heraus.

Pflege körperlicher Übungen.

Auf die sportliche Betätigung an der Handelshochschule, deren besondere Pflege sich der Akademische Sportverein angelegen sein läßt, hat der Krieg naturgemäß eine hemmende Wirkung ausgeübt. Sämtliche aktiven und die meisten inaktiven Mitglieder dieses Vereins stehen, teilweise seit Kriegsausbruch, im Felde, so daß der Ausbildung des sportlichen Nachwuchses nicht die gebührende Aufmerksamkeit geschenkt werden konnte. Dagegen war es dank freundlicher Unterstützung der Ältesten der Kaufmannschaft möglich, die Geräte des Vereins, insbesondere die dem Wassersport gewidmeten, dauernd in guter Pflege zu halten, so daß sie nach Wiederkehr friedlicher Verhältnisse Freunden sportlicher Betätigung alsbald zur Verfügung gestellt werden können.

V. Vorlesungen und Übungen.

(Bericht des Sekretariats.)

Die Anfangstermine in den sechs Semestern waren:

Erste Immatrikulation		Beginn der Vorlesungen
WS. 1913/14	24. Oktober	Mittwoch, den 29. Oktober
SS 1914	28. April	Dienstag, den 28. April
WS. 1914/15	26. Oktober	Dienstag, den 27. Oktober
SS. 1915	26. April	Dienstag, den 27. April
WS. 1915/16	25. Oktober	Dienstag, den 26. Oktober
SS. 1916	26. April	Donnerstag, den 27. April.

Die Zahl der Wochenstunden, die den einzelnen Unterrichtsgebieten gewidmet waren, war folgende:

Tab. 14.

	WS. 1913/14	*SS. 1914*	WS. 1914/15	*SS. 1915*	WS. 1915/16	*SS. 1916*
Allgemeine Einführung in die Studien	2	*2*	3	*3*	3	*1*
Privatwirtschaftslehre (Handelswissenschaft)	51	*47*	37	*37*	35	*39*
Volkswirtschaftslehre	32	*22*	29	*27*	29	*25*
Rechtswissenschaft	24	*22*	23	*21*	22	*21*
Versicherungslehre	8	*8*	5	*2*	4	*8*
Genossenschaftslehre	4	*3*	3	*3*	3	*3*
Chemie und chemische Technologie	14	*14*	15	*8*	15	*14*
Physik u. mechanische Technologie	19	*13*	1	*1*	1	*1*
Geographie	13	*17*	6	*7*	5	*7*
Fremde Sprachen und Kulturen	87	*78*	30	*16*	20	*24*
Kaufmännisches Unterrichtswesen und Pädagogik	11	*5*	4	*5*	—	*5*
Allgemeine wissenschaftliche Ausbildung	8	*4*	3	*3*	2	*3*
Fertigkeiten	4	*4*	4	*2*	4	*4*
	277	*239*	163	*135*	143	*155*

Es wurden folgende Vorlesungen und Übungen gehalten:

1. Einführung in das Studium.

Einführende Vorlesungen.

Eltzbacher (in den ersten zwei bis drei Wochen jedes Semesters): Einführung in das Studium an der Handels-Hochschule. 4 St.
Jastrow (SS. 1914): Enzyklopädie des gesamten Handels-Hochschul-Studiums. 1 St.
Goldschmidt (WS. 1913/14): Geschichte und Ortskunde von Berlin. 1 St.

2. Privatwirtschaftslehre (Handelswissenschaft).

Privatwirtschaftslehre.

a) Kaufmännischer Betrieb im allgemeinen.

Schär (WS. 1913/14): Der Handelsbetrieb unter dem Einfluß der Konkurrenz und der kapitalistischen und sozialen Konzentration. 1 St. — Wechselkunde und Wechselrecht. 1 St. — Kaufmännische und industrielle Kalkulation. 2 St.
— (SS. 1914): Allgemeine Handelsbetriebslehre. 2 St. — Der Zahlungsverkehr. 1 St. — Buchhaltung und Bilanz. 3 St.
— (WS. 1914/15): Organisation des kaufmännischen Betriebes in Handel und Industrie und ausgewählte Gebiete aus der Propaganda. 1 St. — Der Einfluß des Krieges auf das Wirtschaftsleben. 1 St. — Kaufmännische und industrielle Kalkulation. 2 St.
— (SS. 1915): Wie SS. 1914.
— (WS. 1915/16): Kaufmännische Betriebslehre: Organisation. 2 St. — Kaufmännische und industrielle Kalkulation. 2 St.
— (SS. 1916): Wie SS. 1914.
Leitner (WS. 1913/14): Allgemeine Betriebslehre (Privatwirtschaftslehre kaufmännischer Betriebe). 2 St. — Theorie und Technik der Buchhaltung (Allgemeine Buchhaltungslehre). 2 St. — Bilanzkunde. 2 St.
— (WS. 1914/15): Wie WS. 1913/14 (Bilanzkunde einstündig).
— (WS. 1915/16): Wie WS. 1913/14.
Hellauer (WS. 1913/14): Allgemeine Welthandelslehre (Allgemeine Handelslehre mit besonderer Berücksichtigung des internationalen Warenhandels). 3 St.
— (SS. 1914): Allgemeine Welthandelslehre: Nachrichten-, Güter- und Zahlungsverkehr. 2 St.
— (WS. 1914/15): Wie WS. 1913/14.
— (SS. 1915): Wie SS. 1914.
— (WS. 1915/16): Allgemeine Welthandelslehre. 3 St. — Börsenhandel. 1 St.
— (SS. 1916): Wie SS. 1914.
Prion (WS. 1913/14): Finanzierung kaufmännischer und industrieller Unternehmungen (kaufmännische Finanzpolitik). 2 St.
— (SS. 1914): Allgemeine kaufmännische Privatwirtschaftslehre. 2 St.
Norden (WS. 1913/14): Handelsjournalistik und wirtschaftliche Berichterstattung. 1 St.
Haas (WS. 1914/15 bis SS. 1916 einschl.): Handelsjournalistik. 1 St.
Mantzke (WS. 1913/14): Einführung in Handelskunde und Handelsbriefwechsel. 1 St. — Einführung in das kaufmännische Rechnen, verbunden mit Übungen. 1 St.
— (SS. 1914): Einführung in das kaufmännische Rechnen. 2 St.
— (WS. 1914/15): Einführung in das kaufmännische Rechnen. 1 St. — Einführung in die doppelte Buchführung. 1 St.
— (SS. 1915): Einführung in die doppelte Buchführung mit Übungen (für Studierende ohne Vorkenntnisse). 2 St.
— (WS. 1915/16): Wie SS. 1915.
— (SS. 1916): Handelskunde und Handelsbriefwechsel (Einführung). 2 St.
Gerstner (WS. 1913/14): Einführung in die Buchhaltung mit Übungen (für Studierende ohne Vorkenntnisse). 3 St.
— (SS. 1914): Wie WS. 1913/14.
— (WS. 1915/16): Wie WS. 1913/14.
— (SS. 1916): Wie WS. 1913/14.
Ziegel (in sämtlichen Wintersemestern): Arithmetik und Algebra. 1 St.

b) Warenhandel und Fabrikbetrieb.

Hellauer (WS. 1913/14): Spezielle Welthandelslehre: Der Handel Europas nebst Ausblicken auf den überseeischen Produktenhandel. 2 St. — Der Börsenverkehr im Warenhandel. 1 St.

Hellauer (SS. 1914): Spezielle Welthandelslehre: Der Handel in und mit Übersee (einschl. des näheren Orients). 2 St. — Warenkalkulation. 1 St.
— (WS. 1914/15): Wie WS. 1913/14.
— (SS. 1915): Wie SS. 1914.
— (WS. 1915/16): Spezielle Welthandelslehre: Der Handel Mittel- und Westeuropas nebst Ausblicken auf den überseeischen Produktenhandel. 2 St.
— (SS. 1916): Spezielle Welthandelslehre: Balkanhandel und Handel in und mit Übersee (einschl. des näheren Orients). 2 St. — Warenkalkulation. 1 St.
Paschke (WS. 1913/14): Die Technik des Buchdrucks. 1 St.
— (SS. 1914 u. 16): Der Verkehr des Autors mit dem Verleger. 1 St.
— (WS. 1914/15): Der Vertrieb der Bücher. 1 St.
— (SS. 1915): Die Kalkulation der Bücherpreise. 1 St.
— (WS. 1915/16): Die Organisation des Buchhandels. 1 St.
Leitner (SS. 1914): Spezielle Betriebslehre: Der Industriebetrieb. 3 St.
— (SS. 1916): Wie SS. 1914.

c) Bankwesen.

Hellauer (WS. 1913/14): Bank- und Börsenverkehr (mit Berücksichtigung der Rechnungstechnik). 2 St.
— (WS. 1914/15): Wie WS. 1913/14. 1 St.
— (WS. 1915/16): Bankverkehr (mit Berücksichtigung der Rechnungstechnik). 2 St.
— (SS. 1916): Wie WS. 1913/14.
Prion (WS. 1913/14): Bankbetriebslehre. 3 St. — Private Kapitalanlage und Vermögensverwaltung. 1 St.
— (SS. 1914): Effektenhandel (mit besonderer Berücksichtigung des Börsenverkehrs). 2 St.
Ziegel (in sämtlichen Wintersemestern): Zinseszins- und Rentenrechnung. 1 St.
— (in sämtlichen Sommersemestern): Mathematische Grundlagen der Rechnungen im Bankgeschäft. 1 St. — Technik der Anleihen. 1 St.
Leitner (SS. 1914): Spezielle Betriebslehre: Die Technik der Bankgeschäfte. 2 St.
— (WS. 1914/15): Spezielle Betriebslehre: Der Börsenhandel. 2 St.
— (SS. 1915): Spezielle Betriebslehre: Die Technik der Bankgeschäfte. 3 St. — Bankpolitik. 1 St.
— (SS. 1916): Bankpolitik. 1 St.

d) Verkehrswesen.

J. Hoffmann (WS. 1913/14, SS. 1914, SS. 1915 und WS. 1915/16): Eisenbahnverkehrs-Tarifwesen. 1 St.
Röthe (WS. 1913/14 bis SS. 1915 einschl.): Postverkehrswesen. 1 St.

e) Seminare.

Schär (WS. 1913/14): Buchhaltungsseminar. 2 St. — Handelswissenschaftliches Seminar. 2 St.
— (SS. 1914): Handeswissenschaftliches Seminar für Kaufleute des Warenhandels, der Industrie und des Bankwesens. 2 St.
— (WS. 1914/15): Wie WS. 1913/14.
— (SS. 1915): Wie SS. 1914.
— (WS. 1915/16): Wie WS. 1913/14.
— (SS. 1916): Wie SS. 1914.
Leitner (WS. 1913/14): Privatwirtschaftliche Übungen: I. Proseminar. 2 St. a) Abteilung für Bankkaufleute. 1 St. b) Abteilung für Waren- und Industriekaufleute. 1 St. II. Privatwirtschaftliches (handelswissenschaftliches) Seminar. 1 St. III. Kolloquium über privatwirtschaftliche Fragen. 1 St.
— (SS. 1914): Wie WS. 1913/14. — Buchhaltungsseminar. 2 St.
— (WS. 1914/15): Wie WS. 1913/14.
— (SS. 1915): Privatwirtschaftliche Übungen: I. Proseminar. 3 St. a) Abteilung für Bankkaufleute. 2 St. b) Abteilung für Waren- und Industriekaufleute. 1 St. II. Privatwirtschaftliches (handelswissenschaftliches) Seminar. 1 St. — Buchhaltungsübungen. 2 St.
— (WS. 1915/16): Privatwirtschaftliche Übungen: I. Proseminar. 3 St. a) Abteilung für Bankkaufleute. 2 St. b) Abteilung für Waren- und Industriekaufleute. 1 St. II. Privatwirtschaftliches (handelswissenschaftliches) Seminar. 1 St. — Kolloquium über privatwirtschaftliche Fragen.

Leitner (SS. 1916): Buchhaltungsübungen. — Privatwirtschaftliche Übungen.: I. Proseminar. 2 St. a) Abteilung für Bankkaufleute. b) Abteilung für Waren- und Industriekaufleute. II. Privatwirtschaftliches (handelswissenschaftliches) Seminar. 2 St.
Hellauer (WS. 1913/14): Handelswissenschaftliches Seminar. 2 St.
— (SS. 1914): Handelswissenschaftliches Seminar. 2 St. — Seminar für internationale Privatwirtschaft. 1 St. — Übungen in Bankrechnen mit Besprechung der einschlägigen Banktechnik. 2 St.
— (WS. 1914/15): Seminar für Warenhandel und dessen Hilfsgewerbe. 2 St. — Spezialseminar für internationale Privatwirtschaft. 1 St.
— (SS. 1915): Privatwirtschaftliches (handelswissenschaftliches) Seminar. 2 St. — Übungen in Bankrechnen mit Besprechung der einschlägigen Banktechnik. 2 St.
— (WS. 1915/16): Privatwirtschaftliches (handelswissenschaftliches) Seminar. 2 St.
— (SS. 1916): Wie WS. 1915/16.
Prion (WS. 1913/14): Seminar für Bank- und Finanzwesen. 2 St. — Besprechungen über Konjunktur, Geldmarkt und Börsenlage (mit Übungen in der Marktberichterstattung). 2 St.
— (SS. 1914): Besprechungen aus dem Gebiete der kaufmännischen Privatwirtschaftslehre (vornehmlich für Studierende des ersten Semesters). 2 St. — Seminar für Bank- und Finanzwesen. 2 St.
Hecht (WS. 1913/14): Exportkolloquium. 1 St.
— (S.S 1914): Exportkolloquium. 1 St.

3. Volkswirtschaftslehre.

Volkswirtschaftslehre.

a) Theoretische Nationalökonomie, Statistik.

Jastrow (WS. 1913/14): Allgemeine Nationalökonomie. 4 St. — Arbeiterschutz (einschließlich Gehilfenschutz) im Anschluß an sein gleichnamiges „Textbuch" (Berlin, Georg Reimer, 1912; Band 2). 1 St.
Sombart (in sämtlichen Wintersemestern): Spezielle Nationalökonomie. 4 St. — Die Entstehung des modernen Kapitalismus. 1 St.
— (in sämtlichen Sommersemestern): Allgemeine Nationalökonomie. 4 St. — Die Grundzüge der modernen Gesellschaft. 1 St.
v. Bortkiewicz (WS. 1913/14): Die Lehre vom Einkommen. 1 St.
— (SS. 1914): Wert- und Preistheorien. 1 St.
— (WS. 1914/15): Das Geldwesen. 1 St.
— (SS. 1915): Volkseinkommen und Volksvermögen. 1 St.
— (WS. 1915/16): Werttheorien. 1 St.
— (SS. 1916): Das Geldwesen. 1 St.
Rahts (in sämtlichen Wintersemestern): Statistische Übungen. 1 St.
— (in sämtlichen Sommersemestern): Bevölkerungs- und Wirtschaftsstatistik. 1 St.
Prion (SS. 1914): Der Geldmarkt in den führenden Ländern. 1 St.
Hoeniger (WS. 1913/14): Allgemeine Handelsgeschichte unter Berücksichtigung der welthistorischen Beziehungen. 1 St. — Das Deutschtum im Ausland und seine Bedeutung für den deutschen Handel. 1 St.
— (SS. 1914): Geschichte des deutschen Handels. 1 St.
Eßlen (WS. 1914/15 u. 1915/16): Allgemeine oder theoretische Volkswirtschaftslehre. 4 St. — Einführung in die Weltwirtschaft. 3 St.
— (SS. 1915): Geschichte der Volkswirtschaftslehre und des Sozialismus. 2 St.

b) Praktische Nationalökonomie, Politik, Finanzwissenschaft.

Jastrow (SS. 1914): Praktische Nationalökonomie. 4 St.
Eßlen (SS. 1915): Volkswirtschaftspolitik (Praktische Nationalökonomie). 4 St.
— (WS. 1915/16): Staatsanleihen und Staatsschulden (mit besonderer Berücksichtigung der Kriegsanleihen der Gegenwart). 1 St.
— (SS. 1916): Volkswirtschaftspolitik (spezielle oder praktische Volkswirtschaftslehre): 1. Agrarpolitik. 2 St. — 2. Gewerbepolitik. 2 St. — 3. Politik des auswärtigen Handels. 2 St.
Zoepfl (WS. 1913/14): Weltmarkt und Weltwirtschaft. 1 St.
— (SS. 1914): Kolonialpolitik. 1 St.
— (WS. 1914/15, SS. 1915 u. WS. 1915/16): Probleme der Weltwirtschaftspolitik. 1 St.
Preuß (in sämtlichen Wintersemestern): Finanzwissenschaft. 3 St.

Kuczynski (WS. 1913/14): Die Handelspolitik Englands und der Vereinigten Staaten. 1 St. — Großstadtprobleme. 1 St.
— (SS. 1914): Handelspolitik. 2 St.
— (WS. 1914/15): Einführung in die Handelspolitik und Weltwirtschaftspolitik. 1 St. — Die volkswirtschaftlichen Grundlagen der Vereinigten Staaten von Amerika. 1 St.
— (SS. 1915, WS. 1915/16 u. SS. 1916): Handelspolitik. 2 St.
Kriele (WS. 1913/14, WS. 1914/15 u. WS. 1915/16): Wirtschaftliche Interessen. 1 St.
v. Erdberg (in sämtlichen Wintersemestern): Wohlfahrtspflege als Faktor im wirtschaftlichen Leben. Im Zusammenhange mit Führungen durch soziale Einrichtungen Groß-Berlins. 1 St.
Palme (WS. 1913/14): Russische Agrarpolitik. 1 St.
— (SS. 1914): Die Neugestaltung der politischen und wirtschaftlichen Verhältnisse Rußlands. 1 St.
Köbner (WS. 1913/14): Entstehung und Verfassung der modernen Kolonialreiche. 1 St.
— (SS. 1914): Koloniale Fragen der Gegenwart. 1 St.
— (SS. 1916): Die rechtlichen Grundlagen der deutschen Kriegswirtschaft. 1 St.
Rohrbach (WS. 1913/14): Vergleichende Darstellung der Kolonialwirtschaft. 2 St.
— (SS. 1914): Geschichte und Kritik der deutschen Kolonialwirtschaft seit 1884. 2 St.
— (WS. 1914/15): Die Entwicklung der Überseemächte von der französischen Revolution bis zum Ausbruch des Weltkrieges. 2 St. — Deutschlands Weltinteressen. 2 St.
— (SS. 1915): Deutschlands Weltinteressen. 2 St. — Entstehung und Politik der großen Überseemächte, insbesondere Englands, vom XVII. Jahrhundert an bis zur Gegenwart. 2 St.
— (SS. 1916): Deutschlands Überseeinteressen vor und nach dem Weltkriege. 1 St.
v. Seefeld (in sämtlichen Sommersemestern): Das gewerbliche Unterrichtswesen im Rahmen der staatlichen Gewerbeförderung. 1 St.
Jäckh (WS. 1915/16): Die deutsche Orientpolitik. 1 St.
— (SS. 1916): Jungtürkische Geschichte. 1 St.

c) Übungen und Seminare.

Jastrow (WS. 1913/14): Übungen im Volkswirtschaftlichen Seminar, im Anschluß an „Textbücher, Band I: Handelspolitik (Berlin, Georg Reimer, 1912)". 2 St. — Kolloquium über wirtschaftliche Tagesfragen. 1 St.
— (SS. 1914): Übungen im Volkswirtschaftlichen Seminar, im Anschluß an „Textbücher, Band III: Adam Smith (Berlin, Georg Reimer, 1913)". 2 St. — Kolloquium über wirtschaftliche Tagesfragen. 1 St.
Sombart (in sämtlichen Semestern): Übungen im Volkswirtschaftlichen Seminar. 2 St.
Kriele (WS. 1913/14): Wirtschaftspolitische Übungen. 2 St.
— (in sämtlichen andern Semestern): Übungen aus den Arbeitsgebieten der Interessenvertretungen von Handel und Industrie. 2 St.
Eßlen (WS. 1914/15): Übungen über auswärtige Handelspolitik. 2 St.
— (SS. 1915): Übungen zur Lehre von der Verteilung der Güter. 2 St.
— (WS. 1915/16): Volkswirtschaftliche Übungen. 2 St.
— (SS. 1916): Übungen zur Lehre vom Gelde. 2 St.

Rechtswissenschaft.

4. Rechtswissenschaft.

a) Privatrecht, Zivilprozeß.

Eltzbacher (WS. 1913/14): Bürgerliches Recht. 3 St. — Zivilprozeß und Zwangsvollstreckung (mit Übungen). 2 St.
— (WS. 1914/15 u. 1915/16): Bürgerliches Recht. 3 St.
— (in sämtlichen Sommersemestern): Handelsrecht. 3 St.
Heilfron (WS. 1913/14 u. 1914/15): Handelsrecht. 3 St. — Bank- und Börsenrecht. 1 St. — Grundstücksrecht. 1 St.
— (SS. 1914): Bürgerliches Recht. 4 St. — Konkursrecht. 1 St.
— (SS. 1915 u. 1916): Bürgerliches Recht. 3 St. — Zivilprozeßrecht (mit Übungen). 1 St.
— (WS. 1915/16): Handelsrecht. 3 St. — Bank- und Börsenrecht. 1 St. — Konkursrecht. 1 St.
Meyer (in sämtlichen Wintersemestern): Wechselrecht. 1 St. — Handelsrecht im Weltverkehr. 1 St.
— (in sämtlichen Sommersemestern): Wechselrecht. 1 St. — Order- und Inhaberpapiere im Weltverkehr. 1 St.

Osterrieth (in sämtlichen Wintersemestern): Patentrecht. 1 St.
— (in sämtlichen Sommersemestern): Bekämpfung des unlauteren Wettbewerbs. 1 St.
Eger (WS. 1913/14 u. 1914/15): Eisenbahnrecht. 1 St. (In der zweiten Hälfte des Wintersem. 1914/15 las Bürodir. *J. Hoffmann* über Eisenbahnrecht an Stelle des am 29. Dez. 14 verstorbenen Geh. Regierungsrats Dr. *Eger*.)
— (SS. 1914): Speditionsrecht. 1 St.
Nußbaum (WS. 1914/15 u. 1915/16): Zivilprozeß. 2 St.
— (SS. 1915 u. 1916): Hypothekenwesen. 1 St.

b) Öffentliches Recht.

Preuß (in sämtlichen Wintersemestern): Deutsches und preußisches Staatsrecht. 2 St. — Deutsche Verfassungsgeschichte. 1 St.
— (in sämtlichen Sommersemestern): Verwaltungsrecht. 2 St. — Völkerrecht. 2 St.
v. Seefeld (in sämtlichen Wintersemestern): Reichsgewerbeordnung. 1 St.

c) Übungen und Seminare.

Eltzbacher (in sämtlichen Wintersemestern): Juristische Übungen für Anfänger. A und B. Je 2 St. — Juristisches Seminar. 1 St.
— (SS. 1914): Juristische Übungen für Vorgerückte. 2 St. — Übungen im Handelsrecht. 1 St.— Juristisches Seminar. 1 St.
— (SS. 1915 u. 1916): Juristische Übungen für Vorgerückte. 2 St. — Juristisches Seminar. 1 St.
Preuß (SS. 1915 u. 1916): Übungen im bürgerkundlichen Unterricht (Verfassung, Verwaltung, Finanzwesen). 2 St.
Nußbaum (SS. 1915 u. 1916): Übungen im Handelsrecht. 1 St.

5. Versicherungslehre.

Versicherungslehre.

Manes (WS. 1913/14): Allgemeine Versicherungslehre. 2 St. — Die sozialpolitische Versicherung der Arbeiter und der Angestellten. 1 St. — Konservatorium über die Versicherung im Dienste des Kaufmanns (Versicherungs-Übungen, auch für Anfänger). 1 St.
— (SS. 1914 und SS. 1916): Die wichtigsten Versicherungszweige (außer Lebensversicherung). 1 St. — Lebensversicherung. 1 St. — Versicherungsübungen (auch für Anfänger). 1 St.
v. Liebig (in den Wintersemestern): Privatversicherung. 2 St. — Versicherungspraktikum mit besonderer Berücksichtigung der privaten Feuerversicherung. 1 St.
— (SS. 1914, 1915 u. 1916): Allgemeine Versicherungslehre. 2 St. — Versicherungspraktikum mit besonderer Berücksichtigung der Lebens- und der privaten Unfall- und Haftpflichtversicherung. 1 St.
Hager (WS. 1913/14): Versicherungs-Verwaltungsrecht. 1 St.
— (SS. 1914): Recht des Versicherungs-Vertrages. 1 St. — Sozialversicherung unter Berücksichtigung der Versicherung für Angestellte. 1 St.
— (WS. 1914/15): Recht des Versicherungs-Vertrages. 1 St. — Sozialversicherung. 1 St.
— (SS. 1915): Versicherungs-Verwaltungsrecht. 1 St. — Sozialversicherung unter Berücksichtigung der Versicherung für Angestellte. 1 St. — Versicherungspraktikum mit besonderer Berücksichtigung der Lebens- und der privaten Unfall- und Haftpflichtversicherung. 1 St.
— (WS. 1915/16): Recht des Versicherungs-Vertrages. 1 St.
— (SS. 1916): Versicherungs-Verwaltungsrecht. 1 St. — Sozialversicherung unter Berücksichtigung der Versicherung für Angestellte. 1 St.

6. Genossenschaftswesen.

Genossenschaftswesen.

Crüger (WS. 1913/14): Aus der Geschichte des deutschen Genossenschaftswesens. 1 St.
— (SS. 1914): Über die Organisation der Genossenschaften. 1 St.
— (WS. 1914/15): Das deutsche Genossenschaftsgesetz. 1 St.
— (SS. 1915): Aus der Praxis der Genossenschaften. 1 St.
— (WS. 1915/16): Aus der Geschichte des Genossenschaftswesens unter besonderer Berücksichtigung der Erfahrungen während des Krieges. 2 St.
— (SS. 1916): Das deutsche Genossenschaftswesen während des Krieges. 1 St.
— (In sämtlichen Semestern zweistündig, im WS. 1915/16 1 St.) Übungen in der Genossenschaftslehre.

Naturwissenschaften, Warenkunde, Technologie.

7. Reine und angewandte Naturwissenschaften, Warenkunde, Technologie.

Martens (WS. 1913/14): Maschinenlehre. 3 St. — Physikalische Grundlagen der Elektrotechnik. 1 St. — Technische Ausflüge. 3 St. — Kleines physikalisch-technisches Praktikum. 3 St. — Mittleres physikalisch-technisches Praktikum. 6 St. — Photographisches Praktikum. 3 St.

— (SS. 1914): Mechanische Technologie. 1 St. — Physikalische Grundlagen der Elektrotechnik. 3 St. — Technische Ausflüge. 2 St. — Kleines physikalisch-technisches Praktikum. 3 St. — Mittleres physikalisch-technisches Praktikum. 6 St.

Binz (WS. 1913/14, 1914/15 und WS. 1915/16): Anorganische Chemie und Technologie (Warenkunde). 3 St. — Chemisches Kolloquium. 1 St. — Kohle und Eisen. 1 St. — Dreistündiges chemisches Praktikum, in beliebigen Stunden täglich innerhalb der Zeit von 10 bis 1 und 3 bis 6 Uhr, mit Ausnahme von Sonnabendnachmittag. — Sechsstündiges chemisches Praktikum, in beliebigen Stunden täglich von 10 bis 1 und 3 bis 6 Uhr, mit Ausnahme von Sonnabendnachmittag.

— (SS. 1914, 1915 u. 1916): Organische Chemie und Technologie (Warenkunde). 3 St. — Die chemische Industrie in ihrer Entwicklung dargestellt. (Für Fabrikanten, Kaufleute, Juristen, Beamte usw.). 1 St. — Chemisches Kolloquium. 1 St. — Dreistündiges chemisches Praktikum wie WS. 1913/14. — Sechsstündiges chemisches Praktikum wie WS. 1913/14.

Marcuse (SS. 1916): Allgemein verständliche Himmelskunde mit Lichtbildern und gelegentlichen Fernrohrbeobachtungen. 1 St.

Hoffmann, J. F. (in sämtlichen Wintersemestern): Bewertung, Behandlung und Verwertung des Getreides sowie Einrichtung von Getreidespeichern. 1 St.

Geographie.

8. Geographie.

Tiessen (WS. 1913/14): Allgemeine Geographie als Grundlage der Wirtschaftsgeographie. 2 St. — Mitteleuropa. 1 St. — Geographische Übungen. 1 St.

— (SS. 1914): Wirtschaftsgeographie (Allgemeiner Teil). 3 St. — Geographische Übungen. 1 St.

Wegener (WS. 1913/14): Spezielle Wirtschaftsgeographie I. Teil. 3 St. — Wirtschaftsgeographische Übungen im Geographischen Seminar. 1 St.

— (SS. 1914): Nordamerika. 3 St. — Wirtschaftsgeographische Übungen im Geographischen Seminar. 1 St.

Baschin (WS. 1914/15): Allgemeine Geographie. 2 St.

— (SS. 1915): Einführung in die geographische Länderkunde. 1 St. — Geographische Übungen. 1 St.

— (WS. 1915/16): Allgemeine Geographie. 3 St. — Geographische Übungen. 1 St.

— (SS. 1916): Wirtschaftsgeographie. 3 St. — Geographische Übungen 1 St.

Marcuse (WS. 1913/14): Instrumentenkunde und Lehre vom Messen, besonders für Ortsbestimmung und Vermessung auf Reisen und in den Kolonien, mit Exkursionen in mechanische Werkstätten. 1 St. — Übungen für geographische Ortsbestimmung und Vermessung auf der astronomischen Station der Handels-Hochschule im Anschluß an die Vorlesung über Instrumentenkunde. 1 St. — Gegenwärtiger Stand der Luftschiffahrt in allgemeiner Darstellung (mit Lichtbildern). 1 St.

— (SS. 1914): Geographische Ortsbestimmung bei Land- und Seereisen sowie bei Luftfahrten. 1 St. — Astronomie, in allgemeinverständlicher Form und mit Rücksicht auf die Bedeutung für Geographie, Schiffahrt und Welthandel, mit Lichtbildern und Fernrohrbeobachtung interessanter Himmelsobjekte. 1 St. — Übungen für geographische Ortsbestimmung und Vermessung auf der astronomischen Station der Handels-Hochschule, im Anschluß an die Vorlesung über Ortsbestimmung. 1 St.

— (WS. 1914/15, SS. 1915, WS. 1915/16 u. SS. 1916): Geographische Ortsbestimmung am Lande, auf See und in der Luft, mit besonderer Berücksichtigung kolonialer Aufgaben. 1 St. — Übungen zur Ortsbestimmung auf der astronomischen Station der Handels-Hochschule, im Anschluß an die Vorlesung über geographische Ortsbestimmung. 1 St.

v. Luschan (WS. 1913/14 u. WS. 1915/16): Völkerkunde der deutschen Schutzgebiete mit Lichtbildern. 1 St.

— (SS. 1914 u. SS. 1915): Allgemeine Völkerkunde mit Demonstrationen und Lichtbildern. 1 St.

— (SS. 1916): Völkerkunde der Türkei. 1 St.

9. Fremde Sprachen und Kulturen.

a) Vorlesungen.

Haguenin (WS. 1913/14, SS. 1914): Les courants intellectuels de la France contemporaine. 1 St.
Spies (WS. 1913/14): Das Studium des Englischen mit Rücksicht auf die Praxis. 2 St. — England past and present (with lantern-slides). 1 St.

b) Kurse.

Englisch.

Spies (WS. 1913/14): Oberkursus. 4 St.
Hart (WS. 1913/14 u. SS. 1914): Oberkursus I, II. Je 4 St.
— (WS. 1913/14): Oberkursus III. 4 St.
— (WS. 1913/14 u. SS. 1914): Mittelkursus I, II, III, IV. Je 4 St.
Neuendorff (WS. 1913/14 u. SS. 1914): Mittelkursus. 4 St.
Brandenburg (WS. 1913/14 u. SS. 1914): Handelskorrespondenz, Unterkursus. 2 St. für Anfänger.
— (WS. 1913/14 u. SS. 1914): Handelskorrespondenz, Oberkursus. 2 St. für Fortgeschrittene.
— (WS. 1913/14 u. SS. 1914): Einstündiger Kursus für Fortgeschrittene.
— (WS. 1914/15): Unterkursus. 2 St.
— (WS. 1914/15 u. SS. 1915): Oberkursus I. 2 St.
— (SS. 1915): Oberkursus II, III. Je 2 St.
— (WS. 1915/16 u. SS. 1916): Oberkursus ohne Handelskorrespondenz. 2 St.
— (WS. 1915/16 u. SS. 1916): Oberkursus mit Handelskorrespondenz. 2 St.

Französisch.

Francillon (WS. 1913/14): Oberkursus. 4 St.
Maillet (WS. 1913/14 u. SS. 1914): Oberkursus I, II. Je 4 St.
Puy-Fourcat (WS. 1913/14 u. SS. 1914): Oberkursus. 4 St.
Schmidt (WS. 1913/14 u. SS. 1914): Mittelkursus. 4 St.
Maillet (WS. 1913/14 u. SS. 1914): Mittelkursus I, II. Je 4 St.
Puy-Fourcat (WS. 1913/14 u. SS. 1914): Mittelkursus. 4 St.
Maillet (WS. 1913/14 u. SS. 1914): Einstündiger Kursus für Fortgeschrittene I, II.
Francillon (SS. 1914): Mittelkursus. 4 St.
Pariselle: (WS. 1914/15 bis einschl. SS. 1916): Oberkursus. 4 St.

Italienisch.

Hecker (WS. 1913/14 u. SS. 1914): Unterkursus. 4 St.
— (SS. 1915): Unterkursus. 2 St.
— (WS. 1913/14, SS. 1914, WS. 1915/16, SS. 1916). Mittelkursus. 2 St.

Russisch.

Boehme (WS. 1913/14): Unterkursus. 4 St.
Palme (WS. 1913/14): Mittelkursus. 4 St.
— (SS. 1914): Unterkursus. St.
v. d. Osten-Sacken (SS. 1915, WS. 1915/16): Unterkursus. 4 St.
Boehme (SS. 1914): Mittelkursus. 4 St.
v. d. Osten-Sacken (SS. 1916): Mittelkursus. 4 St.
— (SS. 1915): Oberkursus. 2 St.

Spanisch.

de Mugica (WS. 1913/14): Unterkursus. 4 St.
de Palacios (SS. 1914, WS. 1914/15, WS. 1915/16, SS. 1916): Unterkursus. 2 St.
— (SS. 1914): Unterkursus II. 2 St.
— (WS. 1913/14, WS. 1914/15): Mittelkursus. 2 St.
de Mugica (SS. 1914): Mittelkursus. 2 St.
— (WS. 1913/14, SS. 1914): Oberkursus. 4 St.
de Palacios (SS. 1915, WS. 1915/16, SS. 1916): Oberkursus. 2 St.

Türkisch.

Ali Nizami Bey (WS. 1915/16): Unterkursus. 6 St.
— (SS. 1916): Unterkursus. 4 St.
— (SS. 1916): Für Vorgerückte. 2 St.

Deutsch für Ausländer.

Paszkowski (WS. 1913/14, SS. 1914, WS. 1914/15, SS. 1915): Zwei Parallelkurse. 4 St.

Kaufmännisches Unterrichtswesen, Pädagogik.

10. Kaufmännisches Unterrichtswesen und Pädagogik.

Kühne (WS. 1913/14): Kaufmännisches Bildungswesen in Deutschland. 1 St. — Handelslehrer-Seminar I. 1 St. — Handelslehrer-Seminar II. 3 St.
— (SS. 1914 u. SS. 1916): Methodik des kaufmännischen Unterrichts. 1 St. — Handelslehrer-Seminar I. 1 St. — Handelslehrer-Seminar II. 3 St.
— (WS. 1915/16): Pädagogische Zeitfragen. 1 St. — Handelslehrer-Seminar I. 1 St. — Handelslehrer-Seminar II. 3 St.
Leitner (WS. 1914/15 u. SS. 1915): Handelslehrer-Seminar I. 1 St.

Allgemeine wissenschaftliche Ausbildung, Fertigkeiten.

11. Allgemeine wissenschaftliche Ausbildung. Fertigkeiten.

Frischeisen-Köhler (WS. 1913/14): Spinoza. 1 St.
— (SS. 1914): Ethik. 1 St.
— (WS. 1914/15): Schopenhauer, Wagner und Nietzsche. 1 St.
— (SS. 1915): Philosophie der Kultur. 1 St.
Herrmann (WS. 1913/14): Erklärung von Meisterwerken der deutschen Literatur, zugleich zur Einführung in das Wesen der dramatischen Dichtkunst. 1 St.
— (SS. 1914): Kultur und Literatur der Renaissance mit besonderer Berücksichtigung Deutschlands. 1 St.
— (WS. 1914/15): Deutsche Romantik. 1 St.
— (SS. 1915): Über Lesen und Bildung. 1 St.
— (WS. 1915/16): Über Theaterkunst. 1 St.
— (SS. 1916): Geschichte der deutschen Literatur im Zeitalter Bismarcks (1848 bis 1880). 1 St.
Jessen (WS. 1913/14, WS. 1915/16): Die Kunst im Geschäftsleben des Kaufmanns (mit Lichtbildern). 1 St.
— (SS. 1914, SS. 1916): Geschichte und Formenlehre des Kunstgewerbes bis zur Renaissance (mit Lichtbildern). 1 St.
— (WS. 1914/15): Das Kunstgewerbe als Arbeitsfeld des Kaufmanns (mit Lichtbildern). 1 St.
— (SS. 1915): Geschichte und Formenlehre des Kunstgewerbes seit der Renaissance (mit Lichtbildern). 1 St.
Justi (WS. 1913/14): Die italienische Kunst der Renaissance (mit Lichtbildern). 1 St.
— (SS. 1914): Deutsche Kunst im 19. Jahrhundert (mit Lichtbildern). 1 St.
Liebert (SS. 1916): Philosophie und Weltanschauung des Orients. 1 St.
Goldschmidt (WS. 1914/15): Deutsche Kriege in Frankreich. 1 St.
Coprian (WS. 1913/14): Stenographie (System Stolze-Schrey). Unterkursus. 2 St. — Oberkursus. 2 St.
— (WS. 1914/15 u. SS. 1916): Stenographie (System Stolze-Schrey). Unterkursus. 2 St.

Gewerbliche Einzelvorträge.

Gewerbliche Einzelvorträge.

Als Ergänzung der Vorlesungen standen den Studierenden die von den Ältesten der Kaufmannschaft von Berlin veranstalteten und in der Aula der Handels-Hochschule abgehaltenen gewerblichen Einzelvorträge zur Verfügung. (Diese von den Ältesten der Kaufmannschaft veranstalteten Vorträge sind als Fortsetzung der früheren Reihe im Druck erschienen. Berlin, Georg Reimer, 1914, 1915, 1916.)

1914.

4. Februar: Organisation und Bedeutung der deutschen Elektrizitätsindustrie: Dipl.-Ing. Dr. *Max Levy*, Inhaber der Firma Fabrik elektrischer Maschinen und Apparate Dr. *Max Levy*.
11. Februar: Die Fabrikation elektrischer Kabel (mit kinematographischen Vorführungen): Oberingenieur *Mauritius* (Allgemeine Elektrizitätsgesellschaft).
18. Februar: Die wirtschaftliche Bedeutung der amerikanischen Trusts und ihre Bekämpfung durch die Gesetzgebung: *Wilhelm Kantorowicz.*
6. Mai: Zigarrenindustrie und -Handel: Reg.- und Baurat a. D. *Sommerguth*, i. Fa.: *Loeser u. Wolff.*
13. Mai: Entwicklung des deutschen Lokomotivbaues: Reg.-Baum. a. D. *Buchterkirchen*, Direktor bei der Firma *A. Borsig.*

1915.

10. Februar: Wohnungswesen und Städtebau in der neuzeitlichen Großstadt: Professor Dr. *Eberstadt.*
17. Februar: Deutschlands Leinenindustrie: *H. Grünfeld* (i. Fa. *F. V. Grünfeld*), Mitglied der Handelskammer.
24. Februar: Papier, seine Entstehung und sein Verbrauch: *Fritz Berliner*, i. Fa. *Maaß u. Röhlmann.*
3. März: Organisation und volkswirtschaftliche Bedeutung des Eierhandels: *Hermann Hausen*, i. Fa. *J. Hausen* sen.
5. Mai: Die Entwicklung des Brauereigewerbes (mit Lichtbildern): Direktor *R. Knoblauch.*
12. Mai: Getreideversorgung in Krieg und Frieden: *Leonhard Neumann.*

1916.

23. Februar: Das Möbel in Kunst und Handwerk: *W. Kimbel*, Königl. Hofzeichner, i. Fa. *Kimbel u. Friederichsen.*
1. März: Reklame; Entstehung, Bedeutung und wirtschaftliche Organisation: *W. Behrend*, Prokurist der A. E. G.
10. Mai: Der Berliner Gemüse-, Obst- und Südfruchthandel: *E. Plaumann*, Städt. Verkaufsvermittler.
17. Mai: Deutschlands Industrie und Handel in Baumwollwaren: *E. Steinert*, i. Fa. *Rosenthal u. Tobias.*

VI. Seminare und Institute.

(Berichte der Leiter.)

Handelswissenschaftliches Seminar.

Bericht von J. F. Schär.

In dem unter Leitung von Professor Dr. Schär stehenden Teil des Handelswissenschaftlichen Seminars wurden im WS. 1913/14 folgende Themata zum Vortrag gebracht:

A. Vorträge und Diskussionsthemata aus der allgemeinen Handelsbetriebslehre.

Leitthema: Spekulation und Konjunktur.

1. Das Wesen der Spekulation.
2. Ausschaltungsmöglichkeiten der Spekulation.
3. Formen und Stufen der Spekulation.
4. Der Terminhandel: Begriff, Gegenstand, Personen.
5. Organisation des Terminhandels durch die Börsenordnung.
6. Andienung und Kompensation im Terminhandel.
7. Prolongation und Report.
8. Die Warenliquidationskassen.

9. Einfluß des Terminhandels auf den Effektivhandel.
10. Der Terminhandel als Preisversicherungsinstitut.
11. Zusammenhang des Terminhandels mit Produktion und Konsumtion.
12. Die Warenbörse.
    a) Die Organisation der Warenbörse auf Grund gesetzlicher und tatsächlicher Verhältnisse.
    b) Die Warenbörse im Zusammenhang mit der Gesamtorganisation des Welthandels.
13. Das Lesen einer Handelszeitung.
14. Das Effektengeschäft an der Berliner Fondsbörse ausschließlich der Prämiengeschäfte.
15. Das handelsrechtliche Lieferungsgeschäft im Getreidehandel.
16. Die Technik der Prämien-, Stellage- und Nochgeschäfte.
17. Konjunktur und Sonderwirtschaft.
18. Versuch einer kalkulatorischen Erforschung der Effektenkurse.

B. Vorträge und Diskussionen über freie Themata.

1. Organisation und Rentabilität der Oderschiffahrt.
2. Die Fusion zweier Einzelfirmen zu einer offenen Handelsgesellschaft.
3. Die Theorie der Abschreibungen.
4. Entstehung und Inhalt eines Kartellvertrages.
5. Vor- und Nachteile des Kartells.
6. Die Grundlagen des industriellen Bankkredits.
7. Die Bestrebungen der russischen Regierung zwecks Ausschaltung der schädlichen Glieder im Zwischenhandel in Getreide.
8. Der Einfluß der amerikanischen Zolltarifreform auf den deutschen Export nach Amerika.
9. Die Reform des amerikanischen Notenbankwesens.
10. Bericht eines Diplomanden über seine Studienreise in Amerika.

C. An größeren Seminararbeiten und freien wissenschaftlichen Arbeiten wurden im WS. 1913/14 eingereicht:

1. Die Oderschiffahrt.
2. Die Fusion zweier Einzelfirmen zu einer offenen Handelsgesellschaft.
3. Das handelsrechtliche Lieferungsgeschäft.
4. Die Technik der Prämien-, Stellage- und Nochgeschäfte.
5. Monographie eines Kartells (Ziegeleikonvention).
6. Der industrielle Bankkredit und seine Grundlagen.
7. Die Abschreibungen.
8. Kalkulatorische Buchhaltung.
9. Der Tabakhandel in Holland.
10. Vollständige Darstellung der gesamten Buchführungsarbeiten eines Exportgeschäfts. (Einmonatlicher Geschäftsgang).
11. Der Terminhandel in Effekten in Verbindung mit Berlin und London.
12. Monographie einer Porzellanfabrik.
13. Monographie der Kattowitzer A. G. für Bergbau.
14. Das Problem der permanenten Zwischenbilanz nach dem Schärschen Einkonto-Journal.
15. Warenkalkulationen.
16. Die Technik des Postscheckverkehrs.
17. Die landwirtschaftlichen Kreditgenossenschaften in Bulgarien.
18. Das Problem der Gewinnermittlung.
19. Organisation, Buchhaltung und Selbstkostenberechnung einer Ledertreibriemen-Fabrik.
20. Die Grundlagen der landwirtschaftlichen Buchhaltung.

Ergänzt wurden die Seminarübungen durch folgende Besichtigungen:

1. Warenhaus A. Wertheim G. m. b. H.
2. Königl. Porzellanmanufaktur.

Im SS. 1914 wurde den Mitgliedern des Seminars für die obligatorischen Diskussionsthemata folgender Arbeitsplan überreicht:

A. Für Warenkaufleute.

1. Ableitung der Formel der allgemeinen Handelsbetriebslehre.
2. Einkaufskunst.
3. Verkaufskunst.
4. Beschaffung, Größe und Zusammensetzung des Handelskapitals.
5. Die Risiken des Kaufmanns im allgemeinen.
6. Das Kreditrisiko im besonderen.
7. Organisation des Einkaufs im Großbetrieb des Engros- oder Detailhandels.
8. Organisation des Verkaufs im Großbetrieb.
9. Die Kontrolle.
10. Gründung oder Erwerbung.
11. Kartellfrage.
12. Kalkulatorische Buchhaltung.

B. Für Industriekaufleute.

1. Gesamtheit der Aufgaben der technischen und kaufmännischen Leitung der Fabrik.
2. Die kaufmännische Tätigkeit bei der Gründung einer Fabrik.
3. Die Finanzierung im allgemeinen.
4. Die Grundlagen des industriellen Kredits.
5. Die Löhnungsfrage vom kaufmännischen Standpunkt aus.
6. Die Spekulation im industriellen Betrieb.
7. Die Prinzipien der Fabrikbuchhaltung.
8. Die Grundsätze der Kalkulation.
9. Die permanente Zwischenbilanz.
10. Propaganda.
11. Frage betreffs direkten oder indirekten Exports.
12. Der Absatz und seine Organisation.
13. Kontrolle und Statistik von Produktion und Absatz.
14. Monographische Darstellung der geschichtlichen Entwicklung eines industriellen Großbetriebes.

C. Für Bankkaufleute.

1. Grundsätze des Bankbetriebs.
2. Einnahmequellen des Bankgeschäfts.
3. Die bankmäßige Sicherheit (Liquidation).
4. Das Kontokorrentgeschäft.
5. Das Wechselgeschäft.
6. Das Börsengeschäft.
7. Das Emissionsgeschäft.
8. Das Arbitragegeschäft (Disk.-Wechsel-Effekt.).
9. Grundzüge der Bankbuchhaltung.
10. Die Bankbilanz.
11. Die Auswüchse im Bankgeschäft (bucket shops).
12. Einfluß der Banken auf die Industrie.
13. Die Trustbanken.

D. Für Handelslehrer.

1. Was kann man in einer Fortbildungsschule von der Handelsbetriebslehre unterrichten und wie muß dieselbe dargestellt werden?
   a) Kombination mit Buchhaltung.
   b) Kombination mit Korrespondenz.
   c) Kombination mit kaufmännischem Rechnen.
2. Einführung in die doppelte Buchhaltung.
3. Verschiedene Probleme aus der Methodik der Buchhaltung.

Im SS. 1914 wurde über folgende Themen vorgetragen und diskutiert:

A. Vorträge und Diskussionsthemata nach dem allgemeinen Arbeitsplane (vide diesen).

1. Gesamtheit der Aufgaben der technischen und der kaufmännischen Leitung der Fabrik.
2. Zusammenfassende Systematik der allgemeinen Handelsbetriebslehre.
3. Die Prinzipien der Fabrikbuchhaltung.
4. Die Grundsätze des Bankbetriebs.
5. Das Kontokorrentgeschäft.
6. Die Methoden der Kontokorrentzinsenberechnung.
7. Die permanente Zwischenbilanz.
8. Die Risiken des Kaufmanns im allgemeinen.
9. Das Kreditrisiko im besonderen.
10. Reklame (Mittel, Bedingungen, Kosten).
11. Einführung in die doppelte Buchhaltung.

B. Vorträge und Diskussionen über freie Themata.

1. Monographie einer Ledertreibriemen-Fabrik.
2. Die Getreideverzollung in Deutschland und Frankreich.
3. Das Lotteriegeschäft.
4. Zahlungsbilanz und Diskont.
5. Die Zulassung von Wertpapieren zum Börsenhandel.
6. Die gemischtwirtschaftliche Unternehmung.

An größeren Seminararbeiten und freien wissenschaftlichen Arbeiten wurden im SS. 1914 eingereicht:

1. Petroleumexport von Österreich nach Deutschland.
2. Die konzessionierten Aktiengesellschaften in Rumänien.
3. Die rumänischen Kreditbanken.
4. Die Zulassung von Wertpapieren zum Börsenhandel.
5. Die Berliner Metallbörse, insbes. der Kupferhandel.
6. Vollständige buchhalterische Darstellung von 100 zusammenhängenden Geschäftsvorfällen über den Betrieb eines Exportgeschäfts.
7. Die Reklame im Dienste des Kaufmanns.
8. Organisation des westpreußischen Käsehandels.
9. Differentialkalkulation und ihre Anwendung auf eine Kerzenfabrik.
10. Die Geschäfte einer ungarischen Hypothekenbank in Parallele zu den preußischen Landschaften.
11. Die Getreideverzollung in Deutschland und Frankreich.

Als Gast hielt Herr *Hildebrand*, Generalrevisor des Zentralverbands Landwirtschl. Darlehnskassen, in verdankenswerter Weise einen Vortrag über Auflösung des Interessengemeinschaftsvertrages der Landw. Zentraldarlehnskasse und der Preußenkasse.

Das Buchhaltungsseminar im WS. 1913/14 sollte sowohl zur Vertiefung der Vorlesungen über das Ganze der systematischen Buchhaltung als auch zu deren Weiterführung hinsichtlich der Theorie und Praxis dienen. Den Vorträgen, Übungen und Besprechungen wurde folgender allgemeiner Plan zugrunde gelegt:

1. Die Bank-, Fabrik- und Gesellschaftsbuchhaltung; schwierigere Fälle bei Eröffnung der Buchhaltung (Gründung, Umwandlung, Liquidation, Sanierung von Einzelfirmen und Handelsgesellschaften).
2. Kritische Vergleichung der in der Praxis vorkommenden Buchhaltungsformen und ihren Variationen, Errichtung zweckmäßiger Buchführung für ver-

schiedene Arten und Größen des kaufmännischen und industriellen Betriebes, mit den bezüglichen Kontensystemen und Kontengruppierungen. Die Bedeutung der Zwischenkonten.

3. Die Verbuchungen von Partizipationsgeschäften, Syndikat- und Konsortialgeschäften. Buchführung der Filialen mit sachgemäßer Kontrolle.
4. Kritische Vergleichung der kaufmännischen Buchhaltung mit der Kameralistik (Buchhaltung im Staats- und Kommunalhaushalt).
5. Bilanzkunde und Bilanzkritik. Bilanzstudien. Durchschnittsbilanzen mit Rentabilitätsberechnungen. Kalkulatorische und statistische Bearbeitungen der Buchhaltungsergebnisse. Normative Verhältniszahlen über die Zusammensetzung der aktiven und passiven Bilanzwerte. Theorie und Praxis der Zwischenbilanz.
6. Verschiedene Zeit- und Streitfragen aus dem Gebiete der Buchhaltung: Verwendung loser Blätter, Bewertungsproblem, Bücherrevision, Treuhandgesellschaften, Fälschungen, Kontrollen, Grundbegriffe der Buchhaltung, das Problem der permanenten Zwischenbilanz in der Fabrikbuchhaltung; die Zwischenbilanz in einem Kohlenbergwerk mit Bilanzanalyse. Gründung und Betrieb einer Gesellschaft mit beschränkter Haftung. Vergleichung der kaufmännischen Buchhaltung mit der Kameralistik. Der preußische Etat; die Analyse der Bilanz der Deutschen Bank usw.

Insbesondere kamen zur Behandlung:

1. Verhältnis zwischen Buchhaltung und Wirtschaftsbetrieb.
2. Die Buchführungspflicht nach dem Deutschen Handelsgesetzbuch.
3. Die buchhalterische Durchführung einer Metageschäftsverbindung.
4. Die Gewinnverteilung bei der offenen Handelsgesellschaft.
5. Gründung und Weiterführung einer G. m. b. H.
   a) Gründung und Eröffnungsbilanz.
   b) Fortsetzung. Geschäftsabschluß nach zweijährigem Betrieb.
   c) Kalkulatorische Verarbeitung der Bilanz und der Buchhaltungsergebnisse.
6. Die Sanierung einer Aktiengesellschaft.
7. Der Wehrbeitrag und die Reserven der A.-G.
8. Methoden zur Auffindung von Buchungsfehlern.
9. Die buchhalterische Behandlung nachträglich gefundener Bilanzfehler.
10. Die Behandlung von Unstimmigkeiten zwischen Debitorenbuch und Debitorenkonto.
11. Die Verbuchung von Prolongationswechseln.
12. Vorschlag zur Vereinfachung des Benachrichtigungsverfahrens bei Zahlung bzw. Nichtzahlung von Wechseln.
13. Kapitalgleichung und Bilanzgleichung.
14. Wesen und Form der Buchhaltung.
15. Das geschlossene Kontensystem.
16. Die Zwischenkonten.
17. Kongruenz zwischen Geschäftsführung und Buchführung.
18. Dokumente und Buchführung.
19. Lose Blätter in der Buchhaltung.
20. Die Zwischenbilanz.
21. Die Möglichkeiten der monatlichen Ertragsberechnung.
22. Die Ertragsberechnung bei kleinen und mittleren Betrieben.
23. Das Problem der permanenten Zwischenbilanz nach dem Schärschen Einkonto-Journal.
24. Eine neue Methode der statistischen Buchhaltung (Dr. *v. Oettingen*).
25. Graphische Darstellungsarten der buchhalterischen Ergebnisse (Kurven, Säulen, Kreise).
26. Die Zweikontentheorie als philosophisches Problem.
27. Handwerkerbuchhaltung (Direktor *Just*).
28. Fabrikbuchhaltung.
29. Das Ganze der kalkulatorischen Buchhaltung.
30. Bilanzstudien, Filialbuchhaltung, Ableitung eines Maßstabes für Beurteilung neuer Buchhaltungsformen, ökonomische Grenzen der Buchhaltung und Kalkulation usw.

Die Teilnehmerzahl bei den von Professor Schär geleiteten Seminaren betrug:

1. Handelswissenschaftliches Seminar WS. 1913/14 67,
2. „ „ SS. 1914....... 56,
3. Buchhaltungsseminar WS. 1913/14................. 86.

In Anbetracht der großen Teilnehmerzahl, die einen engeren persönlichen Verkehr des Lehrers mit seinen Schülern sehr erschwert, richtete Professor Schär auch dieses Jahr wöchentlich drei Sprechstunden ein, die von den Studenten fleißig benutzt wurden, und in welchen es ihm auch möglich war, Seminaraufgaben und Themata zu wissenschaftlichen Arbeiten mit den Studenten zu besprechen und ihnen mit allerlei Ratschlägen an die Hand zu gehen. Auch sonst gab er den Schülern Gelegenheit, mit ihm persönlich zu verkehren.

Im WS. leistete Herr Reddewig, Diplominhaber der Handelshochschule, als Privatassistent bei Professor Schär gute Dienste; nachdem er im Frühjahr eine Stelle in einem industriellen Betrieb angenommen hatte, trat im SS. Herr August Lincke, Diplomhandelslehrer, als Assistent ein.

In der Kriegszeit gestaltete sich der Besuch der Schärschen Seminare und Übungen folgendermaßen:

	Handelswissenschaftl. Seminar	Buchhaltungsseminar
WS. 1914/15	14	21
SS. 1915	*23*	—
WS. 1915/16	19	25
SS. 1916	*27*	—

Der Assistent Herr Lincke mußte schon in den ersten Tagen des August 1914 ins Feld rücken. Für das Wintersemester 1914/15 betraute Professor Schär Herrn Jäckle mit der Assistenz. Nachdem auch Herr Jäckle eingezogen wurde, ließ sich Herr Dr. Kurt Eisfeld, D. H. H. B., bestimmen, die Stelle eines Assistenten bei Professor Schär zu übernehmen, die er während drei Semestern innehatte.

Das Buchhaltungsseminar wurde nach dem auf S. 42/43 angegebenen Plane und nach gewohnter Methode abgehalten.

Im Handelswissenschaftlichen Seminar wurde parallel zu dem für jedes Semester geltenden Leitthema aus der allgemeinen und praktischen Handelsbetriebslehre in erheblichem Maße die Umgestaltung berücksichtigt, die das deutsche Wirtschaftsleben durch den Krieg erfahren hat, wie aus nachstehendem Verzeichnis der behandelten Themata ersichtlich.

Im WS. 1914/15 wurde als Leitthema aus der allgemeinen Handelsbetriebslehre der Warenhandel gewählt und es wurden hierüber folgende Vorträge gehalten:

1. Ableitung der Betriebsgrundsätze des Handels; 2. Die Lehre vom Billig einkaufen und Teuer verkaufen; 3. Die Umsatzgröße; 4. Die Einkaufskunst; 5. Die Verkaufskunst; 6. Die Betriebskosten; 7. Die Umsatzdauer; 8. Das ökonomische Prinzip und das privatwirtschaftliche Prinzip; 9. Kritik der Bestrebungen nach direktem Ein- und Verkauf; 10. Neue Wege im Zwischenhandel; 11. Der „tote Punkt" und die Differentialkalkulation; 12. Die deutsche Valuta; Zahlungsbilanz während des Krieges; 13. Der soziale Handel und der Krieg; 14. Die Reserven der Aktiengesellschaften (Kriegsgewinne).

Im SS. 1915 wurde als Leitthema aus der allgemeinen Handelsbetriebslehre gewählt: Der Handelsbetrieb unter dem Einfluß der Konkurrenz, und es wurden hierüber folgende Referate gehalten:

1. Die Konkurrenz im allgemeinen; Begriff, Umfang; Wirkung der Konkurrenz; die Konkurrenz um den Absatz.
2. Die Schattenseiten der Konkurrenz; der unlautere Wettbewerb.

Nach Pfingsten wurden ausschließlich Themata über die Kriegswirtschaftspolitik behandelt nach folgendem Plane:

1. Die Reichsbank während des Krieges; 2. die Darlehnskassen; 3. die Kriegskreditbanken; 4. Geschäftsaufsicht über zahlungsunfähige Schuldner; 5. die Wechselkurse während des Krieges; 6. Ultimoregulierung; 7. Vergeltungsmaßregeln; Auslandsschulden, Auslandswechsel; 8. Zwangsverwaltung ausländischer Unternehmungen; 9. Aufhebung der Einfuhrzölle; Ausfuhrverbote; Kompensationsgeschäfte mit dem neutralen Ausland; 10. Kriegsausschuß für Konsumenteninteressen; 11. Kriegsgetreidegesellschaft; 12. Fleischversorgungsgesellschaft; 13. Rohstoffabteilung des Kriegsministeriums; 14. Kriegsrohstoffverteilungsgesellschaften; 15. Kriegsledergesellschaften; 16. Trockenkartoffelverwertungsgesellschaft; 18. Zentrale für Heeresverpflegung; Bekleidungsbeschaffungsamt; 19. Bezugsvereinigung deutscher Landwirte; 20. Kartoffelversorgungsgesellschaft; 21. Zentrale für Begutachtung von Ausfuhranträgen; 21. Maßnahmen zum Schutze der Mieter, Vermieter, Hypothekenschuldner und -gläubiger.

Außerdem wurden Referate über folgende Themata gehalten:

1. Die Konjunktur des wirtschaftlichen Sozialismus,
2. Unsere Geldwirtschaft vorher, jetzt und nachher.

Besichtigt wurden:

Auskunftei W. Schimmelpfeng,
Kriegsgetreidegesellschaft,
Kaufmannsgericht (4. Kammer).

Im WS. 1915/16 wurde als allgemeines Thema wieder die Kriegswirtschaftspolitik behandelt, und es wurden folgende Referate erstattet:

1. Die Reichsbank im Kriege; 2. Die Reichsgetreidestelle; 3. Höchstpreise; 4. Preisprüfungsstelle; 5. Der schweizerische Einfuhrtrust (S. S. S.); 6. Zwangssyndikate im Kohlenbergbau; 7. Kredit im Kriege; 8. Der Arbeitsmarkt im Kriege; 9. Die Konsumvereine im Kriege; 10. Die deutsche Textilindustrie im Kriege; 11. Hausbesitz und Krieg; 12. Devisenkurse und Krieg; 13. Die Nahrungsmittelversorgung Berlins im Kriege; 14. Das Geld im Kriege.

Außerdem wurden Referate gehalten über:

Die Kapitalanlage in Renten und Aktien;
Das Naumannsche Buch „Mitteleuropa".

Als Gäste sprachen:

Herr Werbeanwalt *Weidenmüller* über: Die wissenschaftlichen Grundlagen der Werbelehre,
Herr *Tokayer*, D. H. H. B.: Ungarn und Mitteleuropa.

Im SS. 1916 wurden folgende Referate erstattet:

1. Der Produktionswert, Marktwert und Gebrauchswert; Ableitung des Begriffs Selbstkosten; 2. Das Verkaufssystem Selbstkosten + X %; 3. Der schweizerische Ein-

fuhrtrust (zweites Referat); 4. Das Kriegsernährungsamt; 5. Der niederländische Einfuhrtrust (N. O. T.); 6. Entwicklungsgeschichte des gerechten Preises; 7. Der Kettenhandel; 8. Die Zentraleinkaufsgesellschaft; 9. Einfluß der Konkurrenz auf die Volkswirtschaft im allgemeinen und den Handel im besonderen; 10. Das Privatmonopol in der chemischen Industrie; 11. Der immaterielle Geschäftswert der Firma; 12. Die Finanzierung der kaufmännischen Unternehmung; 13. Die Gewinnquellen des Bankgeschäftes; 14. Ersatzstoffe in der Kriegsernährung und in der Industrie.

Besichtigt wurde die Zentral-Einkaufs-Gesellschaft.

Bericht von F. Leitner.

Über die Organisation des unter Leitung von Professor Leitner stehenden Teiles des Handelswissenschaftlichen Seminars vgl. den Bericht für 1912/13 S. 22 f. und die darin abgedruckte Seminarordnung.

1. Statistik des Besuchs:

	WS. 1913/14	*SS. 1914*	WS. 1914/15	*SS. 1915*	WS. 1915/16	*SS. 1916*
Privatwirtschaftl. Seminar..	32	*37*	—	—	—	—
Proseminare:						
a) Übungen für Waren- und Industriekaufleute	57	*89*	52	*21*	28	*41*
b) Übungen für Bankkaufleute.	62	*83*	—	*28*	—	—
Buchhaltungsseminar..	—	*151*	—	*45*	—	*25*

2. Themata:

a) Die Übungen für Waren- und Industriekaufleute behandelten in den einzelnen Semestern: die Industriekartelle (im allgemeinen, Textil-, Elektro-, Spirituskartell, Tiag im besonderen); die industrielle Verwaltungstechnik; Organisationsprobleme, insbesondere Kontrolle und Statistik; Vertriebssysteme.

b) Die gemeinsamen Themata für Bankkaufleute waren: der Effektenkapitalmarkt; die Bankpolitik mit besonderer Berücksichtigung der europäischen Zentralbankinstitute; die deutsche Kriegswirtschaft; Finanzierung und Finanzverwaltung; Bilanzkritik; Banken und Industriekredit.

3. Veröffentlichungen: In den von Professor Leitner herausgegebenen „Einzelwirtschaftlichen Abhandlungen“ kamen zwei Arbeiten von Seminarmitgliedern zum Abdruck: „Der Vertrieb pharmazeutischer und kosmetischer Spezialitäten in Deutschland“ von Ernst Rosenberg (Berlin 1913) und „Das System der Bucketshop“ von Conrad A. Wille (Berlin 1914). Im dritten Heft behandelte der Herausgeber „Die Unternehmungsrisiken“ (Berlin 1915).

4. Vorträge: Im Anschluß an die Referate über Industriekartelle sprachen (WS. 1913/14) die Herren Professor Dr. Wittelshöfer und Direktor Horwitz über die Spirituszentrale, Herr Maler Burger-Villingen über „Die Formen des Menschen als Grundlage zur Beurteilung seiner Arbeitsveranlagung“ (mit Experimenten). Die Vorträge erweckten das lebhafteste Interesse der Hörer. Den Herren Vortragenden sei auch an dieser Stelle für ihre instruktiven Ausführungen bestens gedankt.

5. Besichtigungen (vgl. Bericht 1912/13, S. 25): Im WS. 1913/14 die Schallplattenfabrik der Beka-Rekord A. G., die Sprechmaschinenfabrik von Karl Lindström A. G.; im SS. 1914 die „Sarotti" Schokoladen- und Kakao-Industrie A. G., die Manoli-Zigarettenfabrik, J. Mandelbaum G. m. b. H. und in Gemeinschaft mit Professor Martens die städtischen Rieselfelder in Hobrechtsfelde-Buch. Im Juni 1914 unternahm der Seminarleiter mit 18 Seminarmitgliedern eine eintägige Studienfahrt nach Leipzig zur Besichtigung der „Bugra". Während der Kriegssemester mußten, abgesehen von einem Besuch der „Ständigen Ausstellung für Arbeiterwohlfahrt" in Charlottenburg, Besichtigungen unterbleiben.

Mit Ende des SS. 1914 schieden die beiden Seminarassistenten bei Professor Leitner, die Herren Schilling-Voß und Wiernik aus dem Verbande der Hochschule, um ihre Studien auch formell zum Abschluß zu bringen. Sie beide haben in vielsemestriger Tätigkeit wertvolle Dienste geleistet, an der Neugestaltung des privatwirtschaftlichen Seminars und deren Durchführung hervorragenden Anteil genommen. Im Studienjahr 1914/15 trat der Diplom-Handelslehrer Herr Dr. Securius als etatsmäßiger Assistent ein, wurde jedoch im SS. 1915 zum Militärdienst eingezogen. Für ihn übernahm Herr Wiernik, inzwischen Abteilungsvorsteher beim Kabelwerk Oberschöneweide, im WS. 1915/16 die Vertretung.

Bericht von J. Hellauer.

Über den von Professor Dr. Hellauer geleiteten Teil des privatwirtschaftlichen (handelswissenschaftlichen) Seminars, dessen Arbeiten programmäßig weitergeführt wurden, ist besonderes nicht zu berichten.

Im SS. 1914 wurde zum ersten Male neben dem allgemeinen Seminar ein „Spezialseminar für internationale Privatwirtschaft" abgehalten. In demselben soll jeweils ein bestimmtes ausländisches, meist überseeisches Wirtschaftsgebiet derart zur Behandlung kommen, daß Studierende über den Stand der Privatwirtschaft und der für dieselbe maßgebenden Verhältnisse dortselbst mit besonderer Berücksichtigung der jüngsten Entwicklungen referieren. Es soll dadurch in Verbindung mit den anschließenden Diskussionen ein in gewissen Beziehungen weitergehender Einblick in die Wirtschaftsverhältnisse der betreffenden Gebiete, als er in dem kurzen Kolleg über spezielle Welthandelslehre geboten werden kann, erzielt werden; insbesondere sollen aber die Studierenden auch veranlaßt werden, sich mit den für derartige Referate in Betracht kommenden Quellen, deren Beschaffung zum Teil Sache des „Welthandels-Archivs" ist, vertraut zu machen. Im SS. 1914 wurden jene Gebiete Mittel- und Südamerikas, deren Wirtschaftsverhältnisse durch die Eröffnung des Panamakanals eine größere Beeinflussung zu erwarten hatten, unter dem leitenden Gesichtspunkte dieser Einwirkung behandelt. Das Seminar hatte eine recht befriedigende Beteiligung gefunden. Seine

Aufgabe, über vorhandene Vorlesungen hinaus über Auslandswirtschaft zu unterrichten, ließ angesichts der bestehenden Absicht, dasselbe Wirtschaftsgebiet erst nach einer größeren Zahl von Semestern wieder in Behandlung zu nehmen, als wünschenswert erscheinen, daß auch Anfängern, die noch nicht selbst Referate zu übernehmen in der Lage sind, die Möglichkeit geboten werde, an dem Seminar teilzunehmen. Es wurde deshalb die Einrichtung getroffen, daß sich die Teilnehmer als „aktive“ oder „inaktive“ anmelden können. Weitaus der größte Teil war aktiv und hat sich mit großem Eifer und Interesse seiner Aufgabe gewidmet.

Parallel zu diesem Seminar, in weiterer Ergänzung der weltwirtschaftlich-privatwirtschaftlichen Unterrichts- und Forschungseinrichtungen an der Handels-Hochschule waren für das WS. 1914/15 „Kurse für internationale Privatwirtschaft“ angekündigt. Auch in diesen Kursen sollte je ein geschlossenes Wirtschaftsgebiet behandelt werden, indem innerhalb des einzelnen Kurses Spezialfachleute Vorträge mit anschließender Diskussion über Einzelthemata, wie Finanzwirtschaft, Bankwirtschaft, Bergwirtschaft, Landwirtschaft, Industrie, Handel usf. zu halten gehabt hätten. Leider verhinderte der Ausbruch des Krieges die Abhaltung der Kurse und wurden auch die Arbeiten des Spezialseminars durch ihn unterbrochen. Erst für das kommende WS. (1916/17) wurden Spezialseminar und Kurse neuerdings angekündigt.

Auch die Entwicklung des Welthandels-Archivs, mit dessen Einrichtung im Jahre 1913 der erste Anfang gemacht worden war, hatte infolge des Krieges an schweren Behinderungen zu leiden. Nachdem wenige Monate vor Kriegsbeginn von den Herren Ältesten das Gehalt für einen hauptamtlichen Assistenten bewilligt worden war, wurde am 1. September 1914 der Assistent zum Heeresdienste einberufen. Fast ein Jahr lang stand nur ein Teil des Gehaltes für eine Aushilfskraft zur Verfügung. Aber auch die Ersatzkräfte wechselten mehrmals. Rückstände häuften sich, Ausbaupläne mußten zurückgestellt werden. Erst vom WS. 1915/16 an besserten sich allmählich die Verhältnisse. Im Laufe des Frühjahrs 1916 wurde neben dem Assistenten eine Schreibkraft, später auch ein Hilfsbote bewilligt. Trotz aller Schwierigkeiten sind die Sammlungen des Archivs in der Berichtsperiode bedeutend angewachsen. Allerdings trat infolge der Behinderung im Verkehr mit Auslandsstaaten das inländische Material und naturgemäß besonders das auf den Krieg bezügliche stark in den Vordergrund. Dadurch hat das Archiv in hohem Grade den Charakter eines allgemeinen Wirtschafts-Archivs angenommen. Und wenn auch der Weltwirtschaft stets in erster Linie und, sobald freier Auslandsverkehr wieder gegeben ist, in stärkstmöglichem Maße die Sammlungsbemühungen zugewendet werden sollen, so soll doch das Archiv auch gleichzeitig den sämtlichen Wirtschaftswissenschaften als das „Wirtschafts-Archiv“ der Handels-Hochschule dienen.

Anderseits sollen die Aufgaben des mit dem Welthandels-Archiv begründeten Institutes sich mit der Sammlungstätigkeit nicht erschöpfen. Man muß zu wissenschaftlichen Verarbeitungen des vorhandenen Materials über internationale Privatwirtschaft sowie zu Veröffentlichungen hierüber fortschreiten. Aus dem Welthandels-Archiv soll ein Institut für internationale Privatwirtschaft sich entwickeln. Sowohl für dieses aber sowie für eine befriedigende Ausgestaltung des Archivs sind bedeutend größere Mittel notwendig, als wie sie heute zur Verfügung stehen. Die nächste Zeit muß deshalb ganz vornehmlich dem Bestreben, solche Mittel zu erlangen, gewidmet sein.

Der Ausbau der eben erst ins Leben gerufenen Seminare für Bank- und Finanzwesen sowie für Konjunkturbesprechungen wurde durch den Kriegsausbruch unterbrochen. Seit dem 3. August 1914 befindet sich Professor Dr. Prion im Heeresdienst. Bericht von W. Prion.

Volkswirtschaftlich-juristisches Seminar.

Für den von Professor Dr. Jastrow geleiteten Teil des volkswirtschaftlich-juristischen Seminars war der Plan, ihm für einen Turnus von 4 Semestern an 4 gedruckten „Textbüchern" („Textbücher zu Studien über Wirtschaft und Staat", hrsg. von Prof. Dr. *J. Jastrow.* I. Handelspolitik. 2. Aufl. 1914. — II. Arbeiterschutz. 1912. III. Adam Smith. 1913. IV. Geld und Kredit. 1914. Berlin, Verlag von Georg Reimer) ein festes Rückgrat zu geben, mit dem Erscheinen des 4. Bandes nach jahrelanger Arbeit gerade zum Abschluß gelangt, als der Tätigkeit des Dozenten an der Handels-Hochschule plötzlich ein Ziel gesetzt wurde. Obgleich das SS. unter dem Drucke dieser Tatsache stand, und die Zahl der namentlich zu Prüfungszwecken zu schleuniger Besprechung gestellten Arbeiten ungewöhnlich groß war (a), so war es doch möglich, auch in der Lektüre der Textbücher den beabsichtigten ordnungsmäßigen Gang innezuhalten. Es wurde im WS. das Textbuch über „Handelspolitik", im SS. das neu erschienene über „Geld und Kredit" zugrunde gelegt. Beide Male waren mit der Lektüre Referate und Korreferate über wichtige Punkte verbunden: (b) und (c). Bericht von J. Jastrow.

In dem Kolloquium von Professor Dr. Jastrow, das in hergebrachter Art auf besondere Einladung an einzelnen Abenden einen engeren Kreis von Teilnehmern in der Privatwohnung des Veranstalters vereinigte, wurden zwar ebenfalls Geld- und Bankfragen besprochen, aber unter andern Gesichtspunkten. Während in den Anfängerübungen auf Einführung in die grundsätzlichen Fragen das Hauptgewicht gelegt wurde, konnten hier, wo nur solche Teilnehmer eingeladen wurden, die damit bereits vertraut waren, einige augenblicklich schwebende Probleme (d) herausgegriffen und die Anwendung der Theorie auf die Praxis besprochen werden. In dem Bestreben, den Teilnehmern vor der Sitzung gedruckte Vorlagen zum Durcharbeiten zuzusenden und so die Gewöhnung an eine knappe Fassung der Debattereden zu fördern, wurden wir durch Lieferung von Drucksachen in der erforderlichen Zahl von Exemplaren seitens der Deutsch-Asiatischen Gesellschaft, der Redaktion des „Plutus", des Handelsteils der „Frankfurter Zeitung" u. a. m. in dankenswerter Weise unterstützt.

(a)

*Handelskrisen in Ungarn von 1867—90.
*Grundlagen der ungarischen Zuckerindustrie.
*Auslandskapital in Ungarn und die Frage der Auflösung der Zollunion.
*Grundbesitzverteilung und landwirtschaftliche Betriebsverhältnisse im Königreich Polen.
*Die russische Staatsbank und die Organisation des Getreidehandels.
*Rußlands Eisenbahnpolitik.
*Handel und Verkehr Palästinas.
*Der Altländer Obstbau und der Altländer Obsthandel.
*Die mecklenburgische Landwirtschaft nach Reuters ‚Stromtid'.
*Der Stand der heutigen Lehrlingsausbildung im Handelsgewerbe — auf Grund von Lehrlingsangaben — und Vorschläge zu ihrer Reform.
*Arbeitsmarkt und Arbeitsbedingungen für die Kontoranfängerinnen und Lehrmädchen in Großberlin.
*Das Gesetz vom abnehmenden Ertrage.
*Die Ursachen und Wirkungen des Fremdenverkehrs.
Löhnungssysteme.
Inwieweit fußt Marx' Mehrwerttheorie auf Adam Smith?

(b)

Die merkantilistische Lehre von der günstigen Handelsbilanz.
Adam Smith' Kritik des Merkantilismus.
Die Smithschen Grundsätze in der Stein-Hardenbergschen Gesetzgebung.
Die Argumente der Anti-Corn-Law-League.
Der Begriff der produktiven Kräfte bei List.
Die neueren schutzzöllnerischen Richtungen verglichen mit List (Bismarck, Caprivi, Chamberlain).
*Der deutsche Zolltarif von 1879.
Der deutsch-russische Zollkrieg von 1893/4 und seine Folgen.
Der Begriff des competition tariff.
Die Umgestaltung des deutschen Zolltarifs in seiner äußeren Form von 1902.
Die handelspolitischen Gegensätze im heutigen Deutschland.
Die Hauptbestimmungen des deutsch-schwedischen Handelsvertrages.
Die Forderung der Zollfreiheit für schwedische Pflastersteine.
Der Veredlungsverkehr nach dem „Berliner Jahrbuch für Handel und Industrie".
Die Arten der Zölle im Fortbildungsunterricht.

(c)

Luthers Ansichten über die Preisbildung im Verhältnis zu dem kanonischen Recht.
Die Debatten über die Teuerung in Frankreich im 16. Jahrhundert (Bodin).
Die Folgen der Geldverschlechterung in der Kipper- und Wipperzeit.
Worin haben Locke und Hume die Quantitätstheorie verbessert?
Worin besteht der geldtheoretische Fortschritt in Ricardos High Price of Bullion und im Bullion Report?
*Die Stellung Duponts de Nemour zu den Assignaten.
Welche Argumente zur Kritik des Papiergeldes sind in Goethes Faust enthalten?
Welche Grundsätze der Peelschen Bankakte sind in der deutschen Bankgesetzgebung von 1875 enthalten?
Die Suspension der Barzahlung bei der Bank von Frankreich 1870.
Die neuste Bankreform in Amerika (1913/14).
* Zwangskurs in Chile.
Entstehung des Wechsels.

(d)

Die Grundlagen des deutschen Münzgesetzes von 1871/73.
Die Abänderungen bis zum Münzgesetz von 1909.
Die geldrechtlichen Bestimmungen im Reichs-Finanzgesetz von 1913.
Die „kleinen Banknoten".
Der „Tael"-Prozeß der Deutsch-Asiatischen Bank.
Die Konzentrations-Bestrebungen in der amerikanischen Bankreform.
Englische Enquete über Lebensmittelpreise und Geldentwertung („Cost of living" 1913).

* = schriftliche Arbeiten über selbstgewählte Themata.

Bericht des Rektors.

Die Übungen, die ich selbst im volkswirtschaftlich-juristischen Seminar veranstaltete, haben während der Rektoratsperiode ihre schon früher vorhandene Eigenart noch schärfer entwickelt. Es fanden Übungen für Anfänger und für Vorgerückte statt, bei denen es sich darum handelte, vom Einzelfall ausgehend einen Einblick in unsere Gesetzgebung und in Zusammenhang, Aufbau und Ausdrucksweise der einzelnen Gesetze zu gewinnen und die Bedeutung und Anwendung des Rechts im praktischen Leben anschaulich zu erfahren. Diese Übungen waren als Ergänzung der Vorlesungen gedacht, und demgemäß nahmen an ihnen nahezu alle Studiernende teil, die sich überhaupt mit Rechtswissenschaft beschäftigten.

Ganz etwas anderes waren die Übungen, die in einem besonderen Sinne als juristisches Seminar bezeichnet und in meiner Wohnung abgehalten wurden. Diese Übungen waren für einen engen Kreis von Teilnehmern bestimmt, die sich nach ausgiebigem Hinweis auf die Bedeutungslosigkeit des Seminars für die Prüfung, auf die großen, in ihm gestellten Anforderungen und auf das hohe Maß der geforderten Arbeit nicht hatten zurückschrecken lassen und dadurch besondere Liebe zur Sache bekundet hatten. In dem Seminar handelte es sich um eine Anleitung zum wissenschaftlichen Arbeiten, zum Vortrag und zur freien Besprechung wissenschaftlicher Fragen. Die Teilnehmer fertigten größere Arbeiten an, in den Seminarsitzungen hielt dann der Verfasser einen freien Vortrag über seinen Gegenstand und verteidigte die von ihm aufgestellten und vorher vervielfältigten Thesen in der durch einen zweiten Berichterstatter mitvorbereiteten Besprechung. Die so entstandenen Arbeiten wurden zum kleineren Teil in der Prüfung als „freie wissenschaftliche Arbeit" verwandt, im allgemeinen entstanden sie aus reiner, durch keinerlei praktischen Zweck getrübter Freude am wissenschaftlichen Schaffen. Die Gegenstände gehörten im allgemeinen der Rechtswissenschaft, zu einem nicht ganz kleinen Teil aber auch der Soziologie an. Es wurden behandelt:

im Jahre 1913/14:

Verschleuderung von Grundstücken zum Vorteil der Hypothekengläubiger.
Formalismus und Zwangsversteigerungsrecht.
Über kaufmännische Ethik.
Die Möglichkeit eines deutschen Arbeiterrechts.
Die Einrichtung des sozialdemokratischen Zukunftsstaates.

Der Zwangsvergleich außerhalb des Konkurses.
Der kaufmännische Lehrvertrag.
Die freirechtliche Bewegung.
Schutz der Minderheit in der Aktiengesellschaft.
Die Bewegungsfreiheit der Handelspresse.

im Jahre 1914/15:

Haben wir noch ein Völkerrecht?
Recht und Wirtschaft.
Die Gesetzgebung und die Volksernährung im Kriege.
Sozialismus und Individualismus im Kriege.
Die gesetzgeberischen Forderungen der Agrarier im Lichte des Weltkrieges.
Lebensbedingungen moderner Kultur.
Wesen und Art der Kriegsgesellschaften im Deutschen Reiche.
Die Kriegsgetreidegesellschaft.
Die Trockenkartoffelverwertungsgesellschaft.
Die Kriegsledergesellschaft.
Die Großmächte der Gegenwart.

im Jahre 1915/16:

Die soziologischen Anschauungen der Rassetheoretiker.
Die rechtlichen und wirtschaftlichen Verhältnisse in der Odyssee.
Der Einfluß der Religion auf Wirtschaft und Recht.
Die Geschäftsaufsicht, ihre juristische Struktur und ihre Ergebnisse in der Praxis.
Primitive Rechtsbegriffe in den Grimmschen Märchen.
Das deutsche Eherecht und die Forderungen der modernen Frauenbewegung.
Pflichtteilsrecht und Pflichtteilsanspruch im Bürgerlichen Gesetzbuch.
Das öffentliche Recht des Alten Testaments.
Das Geschäft im Konkurse.
Der Minderheitschutz in der Aktiengesellschaft.
Was kann die Gesetzgebung zur Bekämpfung der Landflucht tun?
Mittel zur Bekämpfung des Alkoholismus.
Der gerechte Preis als Grundlage staatlicher Maßnahmen.

Der Besuch war in den einzelnen Semestern folgender:

	WS. 1913/14	*SS. 1914*	WS. 1914/15	*SS. 1915*	WS. 1915/16	*SS. 1916*
Juristisches Seminar	15	*10*	6	*9*	16	*15*
Juristische Übungen für Anfänger	161	—	90	—	67	—
„ „ „ Vorgerückte	—	*25*	—	*21*	—	*19*

Als Assistenten standen mir zur Seite: im WS. 1913/14 Herr M. Schönwandt, in SS. 1914 Herr H. Köhler, in WS. 1914/15 Herr J. Petersdorff, im SS. 1915 Herr N. Devisen, im WS. 1915/16 Herr Fr. Abenhausen, im SS. 1916 Herr W. Engel.

Bericht von H. Preuß.

Die Übungen in öffentlichem Recht und Finanzwissenschaft sind im SS. 1914 zugleich wieder auf die Methode des Unterrichts in Staatsbürgerkunde ausgedehnt worden und haben gute Beteiligung gefunden.

Übungen in Versicherungslehre.

Bericht von A. Manes.

Im WS. 1913/14 und im SS. 1914 wurden die Versicherungsübungen, wie in den beiden Semestern vorher, von Professor Dr. Manes wöchentlich einstündig abgehalten; sie waren vorwiegend für Studenten der ersten Semester berechnet. Die Teilnahme und Mitarbeit der Hörer, unter denen sich auch diesmal viele Ausländer befanden, war sehr befriedigend. In beiden Semestern wurde als Generalthema für die Übungen „Die Versicherung im Dienste des Kaufmanns" gewählt. An Hand praktischer Beispiele wurden die Fragen erörtert, welche Versicherungen ein Kaufmann, insbesondere ein Großkaufmann und Großindustrieller, auf dem Gebiete der Sozialversicherung wie der Privatversicherung haben muß, soll oder kann. Dabei wurde Gelegenheit gewährt, die in der allgemeinen Versicherungslehre zum Vortrag gelangten Probleme zu wiederholen und zu vertiefen, beispielsweise über die Unternehmungsformen, über die Stellung der Agenten, über die Bedeutung der Versicherung für die Volkswirtschaft, für den Geldmarkt usw. Eine größere Anzahl Hörer erstattete Referate, u. a. über folgende Gegenstände:

Voraussetzungen für die Zulassung einer Versicherungsunternehmung.
Die Kapitalanlagen in der Lebensversicherung.
Besonderheiten der Versicherungsbuchführung.
Die Haftpflichtversicherung von Aufsichtsräten.
Das Problem der Belastung der Industrie durch die Sozialversicherung.
Die Fortschritte der Schiffbautechnik in ihrer Bedeutung für die Seeversicherungsprämie.
Die kommunale Arbeitslosenversicherung.
Die Arbeiterversicherung in England.
Die Arbeiterversicherung in Rußland.
Die Arbeiterversicherung in Rumänien.

Mit Erfolg wurde in beiden Semestern der Versuch wiederholt, die ausländischen Hörer über die Versicherungseinrichtungen ihrer Heimat berichten zu lassen und im Anschluß hieran in vergleichender Weise die entsprechenden Einrichtungen in Deutschland zu erörtern.

Im Winter 1914/15, im Sommer 1915 und im Winter 1915/16 war Professor Dr. Manes im Feld. Im Sommer 1916 ermöglichte ihm seine Abkommandierung zum Kriegspresseamt in Berlin die Wiederaufnahme der Übungen. Es wurde ihnen der gleiche Plan wie im WS. 1913/14 und SS. 1914 zugrunde gelegt, dabei aber die Einwirkung des Krieges auf die Versicherungen in entsprechender Weise erörtert.

Bericht von Frhr. E. v. Liebig.

In den von Geheimrat Prof. Dr. Freiherrn v. Liebig veranstalteten praktischen Übungen bildete wie in den Vorjahren die Besprechung der allgemeinen Versicherungsbedingungen der Feuer-, Lebens-, Haftpflicht- und Unfallversicherung den Gegenstand, wobei die neueste Rechtsprechung auf diesen Gebieten herangezogen wurde. Auch wurden Rechnungsabschlüsse von Feuer- und Lebensversicherungsgesellschaften einer eingehenden Besprechung unterzogen.

Übungen in Genossenschaftslehre.

Bericht von H. Crüger.

Die Vorlesungen des Prof. Dr. Crüger über Genossenschaftswesen sind verbunden mit Übungen, welche die Teilnehmer mit der Geschäftstätigkeit der Genossenschaften vertraut machen und ihnen Gelegenheit bieten sollen, die Anwendung der genossenschaftlichen Theorien in der Praxis kennen zu lernen. Es sollen die Teilnehmer darin geübt werden, sich über die vielfachen genossenschaftlichen Probleme ein selbständiges Urteil zu bilden. Die Übungen bilden eine wesentliche Ergänzung der Vorlesungen über die Genossenschaftslehre und über das Genossenschaftsgesetz. Die Teilnehmer müssen daher diese Vorlesungen gehört haben, um mit Erfolg sich an den Übungen beteiligen zu können. Ausnahmen werden stets dort gemacht, wo die Vorbildung eine derartige ist, daß die Teilnahme an den Übungen auch ohne theoretisch-genossenschaftliche Vorkenntnis Erfolg verspricht. In den Vorlesungen wird die Geschichte des Genossenschaftswesens — die Organisation der Genossenschaften — Genossenschaftsrecht behandelt. Seit Ausbruch des Krieges wurde insbesondere auch der Einfluß des Krieges auf die Tätigkeit der Genossenschaften in den Bereich der Vorlesungen einbezogen.

Chemisches Institut.

Bericht von A. Binz.

Die Anzahl der Praktikanten betrug im WS. 1913/14 31 und im SS. 1914 ebenfalls 31. Infolge des Krieges ging sie auf 16 (WS. 1914/15), 13 (SS. 1915), 6 (WS. 1915/16), 5 (SS. 1916) zurück. In den Vorlesungen sank zwar die Zuhörerzahl nach Kriegsbeginn erheblich, indessen war die Beteiligung immer noch eine solche, daß der Betrieb aufrechterhalten wurde. Nur das „chemische Kolloquium“ mußte eingestellt werden.

Zum Studium technologischer Sammlungen reiste Professor Dr. Binz in den Herbstferien 1913 nach München und in den Osterferien 1914 nach London. Letztere Reise wurde in dankenswerter Weise durch den Max-Weigert-Stiftungsfonds ermöglicht. Es wurden besichtigt: das Deutsche Museum, die Sammlungen des Imperial Institute, des South Kensington Museum und des Kew Botanical Garden. Die Verwaltung des Deutschen Museums erklärte sich bereit, eine größere Anzahl von Schautafeln, Bildern und Photographien, die nicht im Handel sind, für das chemische Institut der Handels-Hochschule Berlin eigens anfertigen zu lassen und sie gegen Erstattung der Kosten abzugeben. Das Unterrichtsmaterial ist auf diese Weise wesentlich bereichert worden. Ferner wurden gestiftet von:

Badische Anilin- und Soda-Fabrik, Ludwigshafen a. Rh.: Farbstoffe und Anweisungen zum Färben.

Farbenfabriken vorm. F. Bayer & Co., Elberfeld: Proben von künstlichem Kautschuk (leihweise zum Vorzeigen im Kolleg).

Studiosus Fein: Mikrophotographien von Wolle.

Norbert Levy, Berlin: Proben vom Altmetallmarkt.

E. Merck, Darmstadt: die 2. Auflage des Buches „Prüfung chemischer Reagenzien auf Reinheit“.

Kgl. Landwirtschaftliche Hochschule zu Berlin: eine keramische Sammlung.

Dr. G. Meyerheim, Charlottenburg: Gehärtetes Rizinusöl.

Herr Bornali Zadeler, Kützück Vézir Han, Smyrna: Rosenöl.

Amerika-Institut, Berlin: Bericht über den 8. internationalen Kongreß für angewandte Chemie in Washington und New York.

Heine & Co., Aktiengesellschaft, Leipzig: Grundstoffe zur Fabrikation künstlicher Riechstoffe.

Dr. V. Planer, Lankwitz: Leitungsdrähte mit Papiergarnisolierung.
Gebr. Silbermann & Co., Brandenburg a. H.: Präparate aus der Haarhutfabrikation.
Herr Redlich in Firma Hugo Fürst & Co., Berlin: Proben von Krapp und anderen natürlichen Farbstoffen.
W. Gröning, Mesum i. Westf.: Proben von Stranfafaser.
Deutsche Faserstoff-Gesellschaft m. b. H., Fürstenberg i. Meckl.: Proben von „Solidonia"-Faserstoff.
Deutsche Gasglühlicht-Aktiengesellschaft, Berlin: Proben zur Veranschaulichung des Werdeganges einer Osramlampe.
Schimmel & Co., Miltitz: Bericht über ätherische Öle.
Skodawerke, Pilsen: Beschreibung der Werkanlagen in Pilsen als Drucksache.
Aktien-Maschinenbau-Anstalt vormals Venuleth & Ellenberger, Darmstadt: Abbildungen von Kartoffeltrocknungsapparaten.
Rheinische Metallwaren- und Maschinenfabrik, Düsseldorf-Derendorf: Denkschrift anläßlich des 25-jährigen Bestehens der Firma.
Vorstand des Statistischen Bureaus von Fried. Krupp A.-G. Essen: „Abriß der Geschichte eines Jahrhunderts Kruppscher Entwicklung" sowie „Statistische Angaben I 1909".
Dr. Louis Zimmer, Direktor der Aktiengesellschaft Johannes Jeserich, Charlottenburg: Asphaltproben.

Die Assistenten der Berichtsperiode waren: Dr. Ascher, Dr. Klaus, Dr. ing. Oehme, Dr. Schädel, Dr. Hueter, Diplomingenieur Goldenzweig.

Von wissenschaftlichen Arbeiten wurde veröffentlicht:

A. Binz und R. Hueter, Zur Kenntnis des Isatins, Ber. d. Deutsch. chem. Gesellsch. *48*, 1038 (1915). — A. Binz, O. Limpach und W. Janssen, Über Sulfone aus Rongalit. 9. Mitteilung zur Kenntnis der Sulfoxylverbindunge.n Ber. d. Deutsch. chem. Gesellsch. *48*, 1069 (1915).

Geographisches Seminar.

Das Geographische Seminar blieb bis zum Beginn des Krieges in Parallelkursen der Professoren Dr. Tiessen und Dr. Wegener bestehen. Diese Einrichtung bewährte sich weiterhin durch Entlastung der Einzelkurse, die es ermöglichte, jeden Teilnehmer zu Arbeiten heranzuziehen. Das Tiessensche Seminar war im WS. 1913/14 von 26, im SS. 1914 von 24 Studierenden besucht. Bei den unzureichenden Mitteln konnten Bibliothek und Kartensammlung nur um die notwendigsten Erscheinungen ergänzt werden. Besonders wurde durch Beschaffung der wichtigsten Zeitschriften die Möglichkeit eines Mitgehens mit den wesentlichen Fortschritten der Wissenschaft angestrebt. Im SS. veranstaltete der Leiter eine Führung durch mehrere Museen (Berg-Akademie, Museum für Naturkunde). Durch die Einberufung des Leiters zum Heeresdienst erlitt das Seminar mit Beginn des WS. 1914/15 eine Unterbrechung. Bericht von E. Tiessen.

Die Vorträge im Geographischen Seminar behandelten folgende Gegenstände:

WS. 1913/14.

Ethnologie der Balkanhalbinsel.
Bildungsgeschichte der großen amerikanischen Seen.
Nutzbare Mineralien Nordamerikas.
Der Reis.
Die Häfen der Westküste Amerikas.

Die Haupthäfen Europas.
Der Tee.
Geographische Grundlagen der japanischen Landwirtschaft.
Die Alpenstraßen.
Entwicklung und Bedeutung der Wetterkarten.
Die Kopra.
Die Landwirtschaft Ungarns in den letzten 20 Jahren.
Geographische Grundlagen der neuen wirtschaftlichen Entwicklung Italiens.

SS. 1914.

Der Landbau in Mittelamerika.
Handelsgeographie des östlichen Mittelmeers.
Pflanzliche und tierische Produkte des europäischen Rußland.
Baumwollbau in Zentralasien.
Baumwollbau in Britisch-Indien und Ägypten.
Das Klima des Atlantischen Ozeans.
Verkehrsverhältnisse in Deutsch-Ostafrika.
Die portugiesischen Kolonien in Afrika.
Belgisch-Kongo.
Die Eisenbahnlinien Rußlands.

Bericht von Georg Wegener.

Das Wegenersche Seminar hat sich in den Bahnen des Vorjahres weiterentwickelt. Die Teilnehmerzahl war im WS. 22, im SS. 20. Folgende Vorträge wurden gehalten:

Im Winter 1913/14:

1. Die Wasserwirtschaft in Ägypten und Mesopotamien.
2./3. Das Adriatische Meer (zwei Vorträge.)
4. Die geographischen Eigenschaften des Seewegs zwischen Europa und Nordamerika.
5. Die Eisenbahnen Chinas.
6. Verbreitung und Gewinnung des Kautschuks in Brasilien.
7. Verbreitung und Gewinnung des Kaffees in Brasilien.
8. Verbreitung und Gewinnung der Baumwolle in Nordamerika.
9. Die Grundlagen der Landwirtschaft in Tripolitanien.
10. Die Bananenkultur auf der Erde.
11.—13. Vorlage und Erläuterung der Teubnerschen Wirtschaftskarten von Deutschland: a) Textilindustrie, b) Wasserstraßen, c) Kohle, Erze und ihre Industrien. (Drei Vorträge in einer Sitzung.)

Im Sommer 1914:

1./2. Die Lage der deutschen Großstädte und ihre geographische Bedingtheit. (Zwei Vorträge.)
3. Die Goldfundstätten der Erde.
4. Die Beziehungen zwischen der Bodenbeschaffenheit und der Volksdichte der pommerschen Seenplatte.
5. Die Bagdadbahn.
6. Der Bernstein und seine Rolle in der Handelsgeschichte.
7. Die Siedelungen des Erzgebirges und ihre wirtschaftsgeographischen Grundlagen.
8. Die Geschichte der Seeweltstraße Europa—Suez—Ostasien.
9. Das Klima Marokkos.

Verschiedene dieser Vorträge sind nachher von den Bearbeitern zu freien wissenschaftlichen Arbeiten ausgestaltet worden.

Der persönliche Verkehr zwischen Dozent und Studierenden wurde in ähnlicher Weise wie im Vorjahr gefördert. Für die Erweiterung und Ordnung der Lichtbildersammlung ist von den Ältesten ein besonderer Betrag zur Verfügung gestellt worden. Die ehrenamtliche Tätigkeit als

Assistent hat auch in diesem Jahre Herr Pöppinghaus in dankenswerter Weise geleistet.

Mit Beginn des Krieges, August 1914, erbat der Dozent, in dem Wunsche, dem Vaterlande seine Dienste in der ihm bestmöglichen Weise zur Verfügung zu stellen, Urlaub, um als Kriegsberichterstatter ins Feld zu gehen. Dieser wurde ihm von den Herren Ältesten bereitwillig erteilt, so daß seine Beteiligung am Geographischen Seminar seitdem ruht.

Durch Erlaß der Ältesten der Kaufmannschaft von Berlin vom 5. bzw. 9. November 1914 wurde dem Professor Baschin in Vertretung des im Heeresdienst stehenden Herrn Professor Tiessen ein zweistündiger Lehrauftrag erteilt, der in den späteren Semestern erneuert und vom WS. 1915/16 ab zu einem vierstündigen erweitert wurde. Bereits im Laufe des ersten Semesters stellte sich die Notwendigkeit heraus, zur Ergänzung der Vorlesungen geographische Übungen für Anfänger einzuführen, in denen auf dem Wege einer zwanglosen mündlichen Aussprache Unklarheiten der Anschauung beseitigt, volles Verständnis für das grundlegende geographische Tatsachenmaterial erzielt, sowie die wichtige Fähigkeit des Kartenlesens geübt werden konnte. Es erwies sich deshalb als zweckmäßig, diese Übungen seit dem SS. 1915 zu einer ständigen Einrichtung auszugestalten, deren Berechtigung durch weitgehende Fragestellungen seitens der Teilnehmer sowie durch die Entwicklung einer sich oft über mehrere Stunden hinziehenden Diskussion die beste Bestätigung erhielt. Die Übungen waren im SS. 1915 von 19, im WS. 1915/16 von 21 und im SS. 1916 von 19 Studierenden besucht. Im SS. 1916 wurde unter den Zuhörern der Vorlesung über Wirtschaftsgeographie auch der Wunsch nach seminaristischen Übungen laut, wie sie in ähnlicher Weise bereits früher von den Herren Professoren Tiessen und Wegener abgehalten worden waren. Diesem Wunsche konnte durch gelegentliche Einschaltung derartiger seminaristischer Übungen entsprochen werden, in denen namentlich die Wirtschaftsgeographie des Türkischen Reiches, Ägypten und Deutsch-Südwestafrika zur Behandlung kamen. Bei beiden Arten von Übungen und bei den Vorlesungen war Professor Baschin in der Lage, die seiner Verwaltung unterstehende reichhaltige Lehrmittelsammlung des Geographischen Instituts der Universität mit Vorteil benutzen zu können. In beiden Sommersemestern fanden Ausflüge nach Rüdersdorf, Woltersdorfer Schleuse und Erkner statt, auf denen die Benutzung topographischer und geologischer Karten geübt, Höhenmessungen ausgeführt und die physische wie die Wirtschaftsgeographie des durchwanderten Gebietes erläutert wurden. Bericht von O. Baschin.

Astronomisch-geographische Übungsstation.

Auch im verflossenen Jahre 1913/14 haben die Einrichtungen der Übungsstation von neuem (s. vorj. Bericht) eine Vergrößerung und Ver- Bericht von A. Marcuse.

vollkommnung erfahren. Aus den vorhandenen Etatsmitteln gelang es, ein wertvolles photographisches Universalinstrument zur photo-geographischen Ortsbestimmung — infolge einer besonders günstigen Gelegenheit für etwa ein Drittel des eigentlichen Wertes — anzuschaffen. Da dieses neue Instrument neben den optischen zugleich auch alle photographischen Einrichtungen zur Ausführung von geographischen Ortsbestimmungen sowie von Vermessungen besitzt, lassen sich an demselben sowohl visuell (im astronomischen Fernrohr mit Meßkreisen) als auch photographisch (an einer besonderen Kamera mit Ausmeßvorrichtung) astronomisch-geographische Messungen ausführen. Ganz speziell für Ortsbestimmungen und Vermessungen in den Kolonien besitzt die Verwendung der Photogrammetrie nach den neuesten Erfahrungen eine große Bedeutung. Es darf deshalb als eine, übrigens nur an wenigen Hochschulen gebotene, wesentliche und wichtige Erweiterung des astronomisch-geographischen Unterrichts an der Handels-Hochschule bezeichnet werden, daß nunmehr die Teilnehmer der einschlägigen Vorlesungen und Übungen Gelegenheit haben, sich auch photogrammetrisch und ganz allgemein photo-geographisch ausbilden zu können. Gerade der Leiter der Station war einer der ersten, der schon vor längerer Zeit das neue Gebiet der photo-geographischen Ortsbestimmung auf Grund eigener, damals an der Berliner Königlichen Sternwarte durchgeführter Arbeiten ausbauen konnte.

An den im Anschluß an die Vorlesungen vom Leiter selbst abgehaltenen Übungen zur geographischen Ortsbestimmung und Vermessung beteiligten sich im WS. 1913/14 im ganzen 9 Studierende und Hospitanten, im SS. 1914 zusammen 10 Studierende und Hospitanten, darunter jedesmal einige Forschungsreisende sowie Eleven des Reichskolonialamts.

Zur Unterstützung des Leiters bei den Übungen, die erfolgreich immer nur bei kleinerer Hörerzahl durchgeführt werden können, trat als Privatassistent der Kandidat der Naturwissenschaften Herr Georg Neumann-Berlin ein.

In den verflossenen Jahren 1914 bis 1916 sind, wie in den vorangegangenen Semestern, in Verbindung mit den Vorlesungen über geographische Ortsbestimmung und Vermessung vom Leiter selbst praktische Übungen sowohl am Tage als auch in den Abendstunden mit den astronomischen und geodätischen Instrumenten abgehalten worden, an denen sich in der Regel sämtliche Besucher der Vorlesungen beteiligten. Außerdem wurden für die Teilnehmer an der allgemeinen Abendvorlesung über Himmelskunde gelegentliche Demonstrationen und Beobachtungen geeigneter Himmelsobjekte mit dem größeren, im Jahresbericht 1912/13 beschriebenen Fernrohr der astronomischen Übungsstation eingerichtet, wobei sich zahlreiche Hörer beteiligten.

Die Beobachtung der Sonnenfinsternis vom 21. August 1914 wurde gleichfalls auf der astronomischen Übungsstation der Handels-Hochschule mit dem größeren Fernrohr erfolgreich durchgeführt. Als Privatassistent war zur Unterstützung des Leiters Herr Dr. S. Benignus-Berlin tätig.

Handelslehrerseminar.

Seitdem durch die neue Prüfungsordnung von 1912 die Pädagogik verbindliches Prüfungsfach für alle Handelslehrer geworden ist, hat die Ausbildung auf diesem Gebiete naturgemäß erhöhte Bedeutung gewonnen, und ein Ausbau der Vorlesungen und Übungen ist daher notwendig geworden. Während des 1. Berichtsjahres wurden die Vorarbeiten dafür in Angriff genommen. Auf Anregung des Seminarleiters fand im Anschluß an den Internationalen Kongreß für das kaufmännische Bildungswesen Anfang Juli 1914 eine Besprechung von Vertretern der deutschen Handels-Hochschulen statt, bei der die Richtlinien für die weitere Ausbildung der Handelslehrer festgelegt wurden. Ihre Durchführung wurde durch den Ausbruch des Weltkrieges verzögert. Im ersten Kriegsjahre, während der Seminarleiter im Felde stand, hat Herr Professor Leitner in dankenswerter Weise die Übungen des pädagogischen Seminars weiter durchgeführt. Während einer kurzen Zeit des vorigen Winterhalbjahres und im letzten Sommerhalbjahr hat der Seminarleiter seine Vorlesungen und Übungen wieder abhalten können. Bericht von A. Kühne.

Die Übungen des Seminars I sind seit dem Sommerhalbjahr 1913 in engsten Zusammenhang mit den Vorlesungen gebracht worden, so daß sich beide gegenseitig ergänzen. In jeder Sitzung des Seminars wird ein zusammenhängendes Gebiet behandelt, alle Teilnehmer werden veranlaßt, sich im allgemeinen aus der Literatur zu unterrichten, eine Anzahl von Teilnehmern behandelt bestimmte Teilgebiete. Die Redezeit ist im allgemeinen auf 10 Minuten beschränkt, so daß hinreichend Zeit für die Besprechung bleibt.

In dieser Weise sind folgende Stoffe behandelt worden:

Die Psychologie des Jugendalters.
Die Frage der gemeinschaftlichen Erziehung.
Methodik der Handelskunde.
Methodik der Buchführung.
Methodik der Bürgerkunde.
Methodik des fremdsprachlichen Unterrichts.
Aufgabe und Mittel der Jugendpflege.
Das Buch und die Jugendlichen.
Schulgesundheitspflege.
Ortsstatut.
Die rechtliche Stellung des Lehrers.
Die Technik der Unterrichtsverwaltung.
Gliederung der Schüler.
Lehrpläne von Halberstadt, Charlottenburg, Berlin, Leipzig, Frankfurt a. M., Hagen.
Statistik der kaufmännischen Schulen.

Die Ergebnisse der statistischen Arbeit wurden für die Internationale Ausstellung für das kaufmännische Bildungswesen in Leipzig 1914 graphisch dargestellt.

Die praktisch-pädagogischen Übungen im Seminar II sind wesentlich erweitert worden. Für die Studierenden, die vor ihrem Eintritt in das Seminar noch nicht in den kaufmännischen Schulen unterrichtet haben, wird Gelegenheit geboten, regelmäßig mehrere Stunden in der Woche an dem Unterricht eines erprobten Handelslehrers teilzunehmen, unter seiner Leitung den Unterrichtsbetrieb kennenzulernen und einzelne Lehrproben zu halten. Die Deputation für das Fach- und Fortbildungsschulwesen in Berlin und der Magistrat in Charlottenburg haben in dankenswerter Weise gestattet, daß ihre Schulen so für die Ausbildung der Handelslehrer nutzbar gemacht werden. Insbesondere haben Herr Fortbildungsschulinspektor Dageförde und die Herren Direktoren Haese, Hellermann (†), Krühne und Schmidt mit ihren Lehrern die Arbeit des Seminars in jeder Weise gefördert. Die Lehrproben im Seminar II fanden wie bisher in den Schulen der Ältesten der Kaufmannschaft statt. Besichtigt wurden die 1., 4. und 7. Pflichtfortbildungsschule, die Viktoria-Fach- und Fortbildungsschule, die Pflichtfortbildungsschule zu Charlottenburg und das Deutsche Schulmuseum. Am 2. bis 4. Juli fand zur Besichtigung der Internationalen Buchgewerbe-Ausstellung in Leipzig ein Studienausflug der Seminarteilnehmer statt, an dem sich auch eine größere Anzahl anderer Studierender beteiligte. Die Seminarbücherei wurde in der Berichtszeit um 600 Bände erweitert, so daß sie gegenwärtig etwa 1400 Bände umfaßt. Zur Verwaltung der Bücherei und zur Unterstützung des Leiters bei den Unterrichtsübungen wurde als Assistent Herr Diplomhandelslehrer Redell angestellt.

Die wichtigste Aufgabe der nächsten Zukunft muß es sein, die Vorlesungen und Übungen so zu erweitern, daß sie alles darbieten, was für die pädagogische Ausbildung der Handelslehrer notwendig ist.

VII. Bibliothek.

(Bericht von B. Reiche.)

Bibliothek. Aus der Zahl der Studierenden der Handels-Hochschule wurden neu eingetragen: WS. 1913/14 204, SS. 1914 133, WS. 1914/15 73, SS. 1915 36, WS. 1915/16 48, SS. 1916 36. Durch den Ausbruch des Krieges ging die Benutzung der Bibliothek beträchtlich zurück, war jedoch um so intensiver von seiten der zurückgebliebenen Studenten und besonders der Damen. So weit wie möglich wurde die Leihfrist der Bücher ausgedehnt und auch Werke, die sonst nur im Lesesaal eingesehen werden können, mit nach Hause und auch über die Ferien in die Heimat gegeben. Der verminderte Besuch veranlaßte im Winter 1914 die Schließung der Bibliothek um 4 Uhr nachmittags.

Die mehrmals jährlich erscheinenden Verzeichnisse der Neuerwerbungen konnten sich trotz einer geringen Verminderung des Etats auf gleichem Umfang erhalten, so daß die Gesamtzahl der Bände jetzt 40 000 überschreitet. Den größten Zuwachs erfuhr die neugeschaffene Abteilung „Literatur, anläßlich des Krieges erschienen", die in der Hauptsache Bücher und Broschüren wirtschaftlich-politischen Charakters enthält und bis jetzt etwa 1200 Bände umfaßt. Eine Anzahl von Bänden allgemein handelswissenschaftlichen und nationalökonomischen Inhalts wurde auf Ersuchen des „Akademischen Hilfsbundes" durch Vermittlung der Schweiz an die kriegsgefangenen deutschen Kaufleute in Frankreich abgesandt, ebenso an einige Gefangene in Rußland, die sich direkt an uns gewandt hatten.

VIII. Stipendien. Krankenkasse.

(Bericht des Sekretariats.)

Auf Vorschlag des Dozentenkollegiums bewilligten die Ältesten der Kaufmannschaft von Berlin aus dem Handels-Hochschul-Stipendienfonds in den Berichtsjahren 55 Studierenden eine Unterstützung in Höhe des Studiengeldes. Stipendien.

Der Ungenannte, der der Korporation der Kaufmannschaft von Berlin früher (vgl. Jahresberichte 1909/11 und 1912/13) 150 000 Mark für die Auslandsstipendien-Stiftung gewidmet hatte, war das verstorbene Mitglied des Ältestenkollegiums Stadtrat Hermann Jacoby. In seinem Testamente vermachte er dieser Stiftung einen weiteren Betrag von 350 000 Mark. Zu Ehren des hochherzigen Stifters gaben die Ältesten der Kaufmannschaft von Berlin der Zuwendung den Namen „Hermann-Jacoby-Auslands-Stipendien-Stiftung".

In den Berichtsjahren wurde die Akademische Krankenkasse ungefähr in gleichem Maße in Anspruch genommen wie in den früheren Jahren. Akademische Krankenkasse.

IX. Prüfungen.

(Bericht des Sekretariats.)

Die Prüfungskommission bestand zu Beginn der Berichtsjahre aus folgenden Mitgliedern: Prüfungskommission.

1. Dr. v. Seefeld, Wirkl. Geheimer Oberregierungsrat, vortragender Rat im Ministerium für Handel und Gewerbe, Vorsitzender.
2. Dr. Kaempf, Präsident der Ältesten der Kaufmannschaft von Berlin, Vorsitzender des Großen Rats, stellvertretender Vorsitzender.
3. Dr. Eltzbacher, Professor, Rektor der Handels-Hochschule.
4. Dr. Binz, Professor.
5. Dr. Hellauer, Professor.
6. Dr. Jastrow, Professor.
7. Leitner, Professor.
8. Dr. Martens, Professor.

9. Dr. Preuß, Professor.
10. Dr. Prion, D. H. H. L.
11. Dr. Schär, Professor.
12. Dr. Sombart, Professor.
13. Dr. Spies.
14. Crüger, Justizrat, Professor.
15. Dr. Hager, Regierungsrat a. D.
16. Dr. Heilfron, Amtsgerichtsrat, Professor.
17. Dr. Kühne, Geheimer Regierungsrat.
18. Dr. Frhr. v. Liebig, Geh. Regierungsrat.
19. Dr. Palme.
20. D. Tiessen, Professor.
21. Dr. Wegener, Professor.
22. Brandenburg, Professor.
23. Maillet, Licencié ès lettres.
24. Dr. Neuendorff, Oberlehrer.
25. Dr. Schmidt, Professor, Oberlehrer.

Zusammenstellung von Prüfungsfächern.

Über die Zusammenstellung von Prüfungsfächern für die Diplomprüfung hat die Prüfungskommission am 18. Februar 1914 folgenden Beschluß gefaßt:

1. Privatwirtschaftslehre, Volkswirtschaftslehre und Rechtswissenschaft können mit jedem beliebigen anderen Fach zusammen gewählt werden.

2. Neben Privatwirtschaftslehre und Volkswirtschaftslehre oder Rechtswissenschaft können zwei andere Prüfungsfächer gewählt werden, wenn zwischen ihnen und jenen beiden ein durch den Lebensplan des Kandidaten gegebener Zusammenhang besteht.

3. Ausnahmsweise können neben Privatwirtschaftslehre drei Fächer gewählt werden, zu denen weder Volkswirtschaftslehre noch Rechtswissenschaft gehört, wenn besondere Bedürfnisse und Lebenspläne des Kandidaten dies rechtfertigen.

4. Die Genehmigung der Prüfungskommission zu der gewählten Zusammenstellung der Prüfungsfächer kann schon vor der Meldung zur Prüfung in jedem Zeitpunkte des Studiums eingeholt werden.

5. Soweit Zusammenstellungen zulässig sind, kann der Kandidat seine Hauptfächer und das Fach für die wissenschaftliche Arbeit nach freiem Ermessen wählen.

Den Studierenden wird empfohlen, die Genehmigung der Prüfungskommission zu ungewöhnlichen Zusammenstellungen von Prüfungsfächern so früh wie möglich, am besten schon im ersten oder zweiten Semester, einzuholen.

Prüfungsergebnisse.

Es fanden in den Berichtsjahren 6 vorbereitende Sitzungen der Prüfungskommission und 12 Prüfungstermine statt, deren Ergebnis folgendes war:

Diplom-Prüfungen.

	WS. 1913/14	*SS. 1914*	WS. 1914/15	*SS. 1915*	WS. 1915/16	*SS. 1916*
Es meldeten sich Kandidaten....	50	*69*	14	*12*	12	*9*
Davon bestanden..............	37	*55*	11	*11*	9	*9*
und zwar mit dem Prädikat „gut“	13	*10*	3	*8*	5	*7*
mit dem Prädikat „mit Auszeichnung“	—	—	1	—	—	—
Es bestanden nicht	13	*14*	3	*1*	3	—

Handelslehrer-Prüfungen.

	WS. 1913/14	*SS. 1914*	WS. 1914/15	*SS. 1915*	WS. 1915/16	*SS. 1916*
Es meldeten sich Kandidaten....	19	*13*	12	*6*	3	*6*
Davon bestanden..............	15	*12*	10	*6*	3	*6*
und zwar mit dem Prädikat „gut“	8	*7*	8	*4*	2	*5*
mit dem Prädikat „mit Auszeichnung“	—	—	—	—	—	—
Es bestanden nicht	4	*1*	2	—	—	—

Das Diplom als Diplomkaufmann erhielten

WS. 1913/14:

M. Alberg aus Warschau.
I. Anghelescu aus Bukarest.
A. Bediteanu aus Bukarest.
J. Boyadjieff aus Sistov (Bulg.)
J. Brahtz aus Köslin.
W. Bredikow aus Perleberg.
S. v. Chlapowski aus Szoldry (Posen).
G. Cracium aus Bukarest.
K. Ehlers aus Wolfenbüttel.
E. Effenberger aus Pirna.
S Eichhorn aus Jülich.
F. Freudl aus Parnik (Böhmen).
K. Friedling aus Berlin-Steglitz.
A. Görling aus Merseburg.
M. Gutmann aus Bukarest.
F. Guttmann aus Kattowitz.
B. Heise aus Berlin.
H. Leidigkeit aus Danzig.
E. Mandl aus Jaszbereny (Ung.).
B. Mangold aus Budapest.
G. Mladenatz aus Turn Severin (Rum.).
K. Negutz aus Focsani (Rum.).
W. Peting aus Berlin.
E. Rapp aus Hochmossingen i. Würtbg.
G. Reddewig aus Wiesbaden.
E. Rosenberg aus Berlin.
A. Schibsted aus Frederikshald (Schwed.).
G. Schoenfeld aus Braunschweig.
M. Schubert aus Plauen i. Vogtl.
Frl. *P. Sidjakowa* aus Rustschuk.
H. Sjobeck aus Stockholm.
F. Stillahn aus Sander-Altenhof (Old.).
J. Sust aus Chleby (Böhmen).
W. Utendörfer aus Schmalkalden.
A. Wechsler aus Galatz (Rum.).
F. Weile aus Bernburg.
B. Wellmann aus Berlin-Wilmersdorf.

SS. 1914:

H. Ansorg aus Landau i. d. Pfalz.
I. Awramoff aus Sistov (Bulg.).
H. Besler aus Posen.
M. Braunstein aus Jassy (Rum.).
A. Butza aus Galatz (Rum.).
A. David aus Berlin.
H. David aus Lübeck.
K. Drüke aus Detmold.
B. Eckart aus Berlin.
G. Ene aus Ciorani (Rum.).
K. v. Fejervary aus Sajosärvar (Ung.).
W. Feldmann aus Berlin-Friedenau.
P. Foltmer aus Geestemünde.
A. Gamanescu aus Russu (Rum.).
E. Gasters aus Mülheim a. d. Ruhr.
W. Goetze aus Blankenburg i. H.
E. Gösser aus Iserlohn.
A. Groß aus Großwardein.
E. Haas aus Basel.
B. Hintz aus Danzig.
A. Homann aus Oberschöneweide.
N. Honig aus Jerusalem (Türkei).
St. v. Jalsoviczky de Jalsova aus Budapest.
S. Jost aus Berlin-Steglitz.
Frl. *V. Iriminoin* aus Campu-Lung (Rum.).
A. Keremidtschieff aus Aitos (Bulg.).
O. Kerler aus Gerlingen i. Württ.
J. Kropasz aus Miloslaw i. Pos.
E. Kuschnitzky aus Gleiwitz.
T. Lechnicki aus Bezeck (Rußl.).
J. Levy aus Jerusalem (U. S. A.).
Frl. *S. Liebenstein* aus Lodz.
H. Löwen aus Milspe i. Westf.
J. Marciniak aus Posen.
St. Marciniak aus Posen.
E. Mauer aus Berlin.
H. Molter aus Föhrden i. Schlesw.
Dr. Graf *A. Nemes* aus Bodola (Ung.).
R. Pavé aus Warschau.
Frl. *L. Petreanu* aus Jassy (Rum.).
M. Pollack aus Zabrze.
S. Retter aus Bojan (Österr.).
R. Riede aus Berlin
K. Schneider aus Wischau (Österr.).
F. Schulze aus Magdeburg.
P. Sitescu aus Pociovalistea-Gorjiu (Rumänien).
L. Szalkowski aus Hohensalza.
Dr. *K. Thewalt* aus Berlin.
M. Tietz aus Berlin.
J. Urban aus Rakonitz (Österr.).
E. Voight aus Berlin.
O. Voigt aus Willmersdorf, Kr. Nieder-Barnim.
K. Weigt aus Hanswalde i. Posen.
E. v. Weress aus Mezösalyi (Ung.).
Frl. *I. Wildermann* aus Reni (Rußl.).

WS. 1914/15:

Frau *I. Busch* geb. *Sviette* aus Poltawa.
V. Cohen aus Burgas (Bulg.).
T. Constantinescu aus Craiova.
M. Hromc aus Podgoritza.
L. Nikolieff aus Sistov (Bulg.).
A. Raszeja aus Culm.
G. Reicherts aus Charlottenburg.
G. Stadler aus Königsberg i. Pr.
L. Tekaat aus Rees.
C. Vogt aus Charlottenburg.
K. Wagner aus Rostock.

SS. 1915:

Dr. *St. v. Bakowski* aus Wadowice.
S. Bobewsky aus Sofia.
F. Duschnitz aus Wien.
J. Ecker aus Edling i. Bayern.
F. Haase aus Königshütte i. O.-Schl.
A. Hellwig aus Charlottenburg.
J. Jäckle aus Stuttgart.
Frl. *E. Jung* aus Berlin-Südende.
T. Obrewchkoff aus Burgas (Bulg.).
W. Tschobanoff aus Samokow (Bulg.).
B. Zonew aus Rustschuk (Bulg.).

WS. 1915/16:

J. Adamec aus Caslau.
J. Bartos aus Pribram.
G. Benz aus Neukölln.
C. Buderus aus Berlin-Schlachtensee.
Dr. *F. Götze* aus Zossen.
E. Mehne aus Alsbach i. Hessen.
M. Mittwoch aus Berlin.
E. Müller aus Tarnowitz.
W. Voigt aus Kattowitz.

SS. 1916:

D. Bierens de Haan aus Zwolle (Holland).
Frl. *H. Epstein* aus Berlin-Schöneberg.
Frl. *V. Fuchs* aus Warschau.
W. Henke aus Charlottenburg.
W. Kästner aus Ratibor.
B. Lewin aus Berlin.
E. Respondek aus Berlin.
A. Sanchez aus San Cristobal (Venezuela).
W. Vierke aus Köslin.

Das Handelslehrerzeugnis erhielten:

WS. 1913/14:

K. Büsching aus Gütersloh.
F. Feld aus Saarbrücken.
E. Finke aus Rudolstadt.
R. Grabert aus Berlin.
E. Gramm aus Charlottenburg.
Dr. *G. Hertzer* aus Berlin-Südende.
A. Holst aus Twielenfleth i. Hann.
O. Lembcke aus Neukalen i. Meckl.
K. Mettenleiter aus Saulgau i. Württ.
Frl. *E. Richter* aus Dt.-Krone.
W. Schmidt aus Hamburg.
O. Strauchmann aus Berlin.
Frl. *A. Schreiber* aus Halberstadt.
C. Wille aus Brunsen i. Braunschweig.
C. Wolff aus Schneidemühl.

SS. 1914:

Frl. *L. Bamberger* aus Luckenwalde.
Frl. *E. Barschak* aus Berlin.
L. Busch aus Bremen.
Frl. *E. Haußmann* aus Dresden.
A. Lincke aus Bernburg i. Anhalt.
F. Pöppinghaus aus Buer i. Westf.
P. Radtke aus Stettin.
Frl. *E. Rommel* aus Cassel.
E. Scheppler aus Belmont i. Els.
A. Seidel aus Aue i. Erzgeb.
E. Teich aus Berlin-Wilmersdorf.
O. Winter aus Wolteritz.

WS. 1914/15:

Frl. *E. Borchardt* aus Charlottenburg.
H. Dietrichs aus Neuhaldensleben.
Frl. *R. Fiderer* aus Tluste.
Frl. *G. Fiscal* aus Charlottenburg.
P. Hein aus Perleberg.
Frl. *A. Mund* aus Görlitz.
H. Redell aus Labenz.
W. Voß aus Karlshorst.
P. Wels aus Wittichenau.
F. Wilhelm aus Breslau.

SS. 1915:

Frl. *H. Bunnemann* aus Bielefeld.
E. Goetze aus Charlottenburg.
J. Jäckle aus Stuttgart.
Frl. *M. Niemeyer* aus Berlin-Steglitz.
E. Prager aus Berlin-Schöneberg.
P. Rehe aus Berlin.

WS. 1915/16:

K. Krause aus Königsberg i. Pr.
O. Kunitz aus Berlin.
Frl. *O. Reyersbach* aus Hamburg.

SS. 1916:

Frl. *E. Brendel* aus Beatenglücksgrube i. O.-Schl.
Frl. *M. Horn* aus Berlin.
Frl. *G. Krug* aus Berlin-Pankow.
Frl. *I. Lange* aus Neiße.
Frl. *H. Ludwig* aus Breslau.
Frl. *G. Moebius* aus Thorn.

X. Festlichkeiten.

(Bericht des Sekretariats.)

Bei der Jahresfeier am 8. November 1913 gab der scheidende Rektor Professor Dr. Binz eine Übersicht über das verflossene Studienjahr und legte das Amt des Rektors in die Hände von Paul Eltzbacher. In seiner Antrittsrede behandelte dieser den Schutz des Privatlebens vor der Öffentlichkeit (erschienen unter dem Titel „Schutz vor der Öffentlichkeit" bei Franz Vahlen, Berlin 1913). Am Abend fand ein Bierabend im Hotel „Kaiserhof" statt. Rektoratsübergabe.

In den Jahren 1914 und 1915 fielen die Eröffnungsfeiern des Krieges wegen aus. Geburtstag des Kaisers.

Der Geburtstag des Kaisers wurde 1914, 1915 und 1916 am 27. Januar in der Aula wie üblich gefeiert. Die Festrede hielten: 1914 Professor Dr. Hellauer über „Das Persönliche im Handel" (erschienen bei Georg Reimer, Berlin 1914), 1915 Professor Dr. Sombart über das Thema „Der Geist des Krieges", 1916 Professor Dr. Schär über das Thema „Der Soziale Handel" (erschienen bei Georg Reimer, Berlin 1916).

Kolibri 360 GmbH
Ferdinand-Jühlke-Straße 7
99095 Erfurt, Deutschland
produktsicherheit@kolibri360.de